한상준의

식초 예찬

지은이 한상준

초판 1쇄 인쇄 2018년 11월 13일
초판 1쇄 발행 2018년 12월 17일

발행인 황윤억

편집주간 김순미

책임편집 최문주

편집 황인재

사진 양계탁
- 사진 일부 출처: shutterstock

디자인 이윤임

푸드 코디네이터
- **기획**: 전효원 박사(대구가톨릭대 교수)
- **진행**: 양유경 교수(디지털서울문화예술대)
  장분임(이지자연음식문화원 부원장)

경영지원 박진주

인쇄 · 제본 (주)보진재

발행처 헬스레터
출판등록 제2012-00042호(2012년 9월 14일)
주소 서울시 서초구 남부순환로 333길 36(서초동 1431-1) 해원빌딩 4층
전화 02-6120-0258, 0259 / 팩스 02-6120-0257
홈페이지 www.hletter.kr, cafe.naver.com/healthletter
한국전통발효아카데미 www.ktfa.kr
전자우편 gold4271@naver.com

값 17,000
ISBN 978-89-969505-7-8 03570

이 도서의 국립중앙도서관 출판예정도서목록(CIP)은 서지정보유통지원시스템 홈페이지(http://seoji.nl.go.kr)와
국가자료공동목록시스템(http://www.nl.go.kr/kolisnet)에서 이용하실 수 있습니다. (CIP제어번호: CIP2018035831)

홈 메 이 드 . 식 초 . 요 리

한상준의

식초 예찬

들어가는 말.

사람이 느끼는 다섯 가지 맛이 있습니다.
맵고 짜고 쓰고 달고 신맛의 오미(五味)는 인간에게 먹는 것에 대한 즐거움을 안겨 주지요.
이 다섯 가지 맛 중에 가장 건강한 맛을 꼽으라면
단연 신맛이라 추천하는 데 한 치의 망설임이 없습니다.
식초를 가까이 하면 이로움이 많다는 말을 평소 입버릇처럼 달고 다닙니다.
좋은 식초를 가려 꾸준히 섭취하면 반드시 사람에게 그 보상을 한다고 믿고 있지요.
업무에 대한 스트레스와 지속된 음주로 인해 지방간을 지나 간경화까지 진행되어
황달과 수전증까지 보이던 40대 남성이 자연발효된 식초를 꾸준히 마시고
정상에 가깝게 건강이 호전된 것을 볼 수 있었습니다.
갱년기가 되면서 혈당 상승으로 인슐린 주사와 약을 처방받아야 했던 50대 여성은
좋은 식초를 꾸준히 마신 후 혈당이 정상 수치까지 떨어졌지요.
아이를 낳고 늘어난 체중으로 고민하던 옆집 애 엄마는 식초에 절인 검정콩을 먹고
처녀 때의 몸매로 돌아갔습니다. 어느새 식초 예찬론자가 되었지요.

식초는 분명 약이 아니라고 생각합니다.
하지만 또 분명한 것은 그동안 겪었던 체험이나 많은 사람들의 사례를 볼 때
음식의 양념으로써 약보다 더 많은 이로움을
사람에게 안겨주는 것이 아닌가 하는 생각도 들지요.
그러해서 음식으로 고칠 수 없는 병은 약으로도 고칠 수 없다는 말이
나왔는지도 모르겠습니다.

식초는 알칼리성 식품입니다.
식초를 먹고 난 후 체내에 남는 무기질이 알칼리성의 비율이 높기 때문이지요.
우리 몸속의 혈액과 체액은 약알칼리성을 띕니다.
고기류의 육류를 비롯하여 밀가루, 튀김, 흰쌀밥 등
우리가 많이 찾고 즐겨먹는 음식은 대부분 산성 식품입니다.
산성 식품만 섭취하면 몸의 균형이 깨져
결국 몸의 산성화를 가져오고 우리가 알지 못했던 수많은 질병에 쉽게 노출되며,
면역력 또한 급격히 떨어지지요.
기름지고 느끼한 음식을 섭취할 때 상큼하고 신맛이 당기는 이유는
인체 내 체액의 균형을 생각한 자연의 섭리이며 내 몸의 요구입니다.
이렇게 식초는 풍부한 아미노산과 유기산으로
음식의 풍미를 높이는 것은 물론이고 영양분 안정화와 소화 흡수,
나아가 건강한 신체를 유지하는 데 필수적인 역할을 담당합니다.
산성 식품이 넘치는 식탁에 알칼리성 식품으로
음식의 균형을 맞춰 몸의 균형까지 이끌어내니,
식초는 우리가 쉽게 알고 있는 단순한 신맛의 양념 범주를 넘어선 지 오래이지요.
세상에는 식초를 마시는 사람과 그렇지 않은 사람이 있습니다.
나는 식초를 마시지 않는 사람은 산성화된 사람이라고 부르지요.

좋은 식초를 어떻게 먹고 마시는 것이 좋은지,
어떠한 비법이 있는지에 대한 질문을 많이 받습니다.
또 먹는 양은 얼마나 되며, 기간은 어느 정도이고,
어느 때 먹어야 좋은지에 대한 질문도 끝이 없지요.

모든 먹을거리는 자연의 순리를 따라야 한다고 봅니다.
식초를 어떠한 병의 치료를 위한 약이나
증상을 개선하기 위한 도구로 삼는 것은 문제가 있다고 봅니다.
하지만 좋은 식초는 그것을 섭취하는 사람에게 어떤 형태로든 반드시 보답을 하지요.
우리는 그저 자연 그대로 느리게 발효 과정을 거친 좋은 식초를 찾고,
또 그 식초를 인위적으로 섭취하기보다는 음식의 디저트와 양념으로,
우리가 평상시 매일 섭취하는 음식의 일부로 섭취하면 그만입니다.
이 책은 좋은 식초를 다양한 방법으로 활용하고,
음식의 일부로 자연스럽게 섭취하여
결국 사람에게 건강한 이로움을 주려는 취지에서 준비하였습니다.

어릴 때부터 식초를 이용한 다양한 먹을거리를 가까이 접한 딸아이가
엄마, 아빠의 보통 키에 비해 175cm나 성장하고 감기 한번 앓지 않아 집중력이 향상되어
학업 성취도가 높은 것도 어쩌면 식초가 우리에게 준 고마운 보답이라 생각하지요.
우리의 식단을 풍요롭게 하고 먹는 즐거움을 가져다주며
건강까지 챙길 수 있는 좋은 사례를 많은 분들이 배우고 익혀
국민 식생활 건강에 이바지할 수 있으면 좋겠습니다.

• 한상준 •

PART 1

좋은 식초,
제대로 알고 먹자

PART 2

건강한 식초와 함께하는
톡톡 식초 디톡스

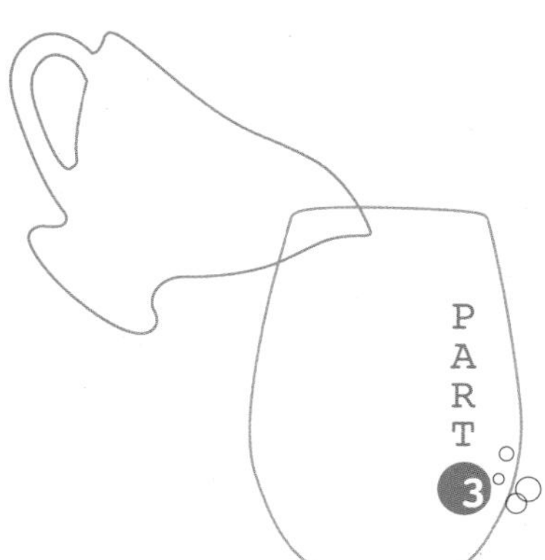

PART 3

위험한 밥상에서 건강한 밥상으로,
홈메이드 식초 요리

PART 4

체질별, 연령별, 성별 식초 활용법

PART 5

매끈하고 촉촉한 피부 만드는 홈메이드 식초 화장품

PART 6

집에서 천연식초 만들기

PART 1

좋은 식초、제대로 알고 먹자。

식초라고 다 같은 식초가 아닙니다.
좋은 식초는 따로 있습니다.
나와 내 아이가 먹는 식초, 사랑하는 가족이 먹는 식초는
어떤 식초여야 할까요?
꼼꼼히 따져 보아야 합니다.

사람의 기술이 거만해질 때 자연은 깨달음을 줍니다.
사람은 자연의 일부이고
먹을 것도 자연에서 오는 것이 가장 좋지요.
자연 앞에 겸손해야 합니다.

자연발효식초는 주정이 필요 없습니다.
자연발효식초는 인위적인 향을 내는 착향료가 필요 없습니다.
자연발효식초는 강제 발효시키는 기술이 필요 없습니다.
자연발효식초는 원료 자체만으로 발효가 일어나고 식초가 됩니다.
자연발효식초는 각종 미네랄과 풍부한 유기산을 선물합니다.

식초는 사람이 만드는 것이 아닙니다.
미생물인 효모와 초산균의 부지런한 활동으로 발효가 일어나
술이 되고 또 식초가 되는 것이지요.

사람은 그저 미생물이 잘 자라도록 보필하는 심부름꾼이면 됩니다.
그러면 자연은 맛과 향이 뛰어나고 유기산 함량이 높은
좋은 식초를 사람에게 선물하지요.
사람은 자연의 심부름꾼이면 충분합니다.

No.01

조미료? 그 이상의 의미, 식초 이야기

국어사전에서 식초의 뜻을 찾아보면
'액체 조미료의 하나, 약간의 초산이 들어 있어 신맛이 난다' 라고 적혀 있습니다.
요리하는 사람에게 식초는
요리나 음식에 신맛을 내기 위한 강한 신맛의 조미료이지요.
발효하는 사람에게 식초는
알코올(술)을 초산 발효시킨 산도 4~8도 사이의 신맛이 나는 액체입니다.
어찌되었건 식초는 '신맛이 나는 액체'임에 틀림없어 보입니다.

'신맛이 나는 액체 조미료' 식초는
언제부터 우리 인류에게 없어서는 안 될 양념이 되었을까요?
식초의 역사는 1만 년 전으로 거슬러 올라갑니다.
최초의 식초는 아마 보관하던 술의 성분이 변하면서 탄생했을 것으로 추정합니다.
식초의 영어 이름인 '비니거(vinegar)'도
프랑스어 '시어져 버린 와인(vin aigre)'에서 유래하지요.
이렇게 시어버린 술이 인류가 만든 최초의 식초가 되었습니다.
그때부터 사람들은 조미용으로, 약용으로 다양하게 식초를 사용해 왔지요.

식초에 관한 최초 기록은 기원전 5000년 고대 바빌로니아 고문서에 남아있습니다.
술을 근본으로 한 식초는 술과 함께 발달해 왔지요.
의학의 아버지 히포크라테스는 가래를 없애고 호흡을 편안하게 하기 위해
감기와 폐렴 환자의 치료에 꿀을 섞은 식초를 사용했다고 합니다.

로마제국 시대에는 클레오파트라를 비롯해 많은 귀족이
건강과 미용을 위해 식초를 즐겨 마셨다고 합니다.
실제 클레오파트라는 로마의 권력자 안토니우스에게 한 끼 식사에
100만 세르테르티우스(고대 로마의 화폐 단위 / 2018년 기준 약 2억 원으로 추산)를 쓰겠다는 내기를 합니다.
코웃음 치는 안토니우스 앞에서 클레오파트라는 자신이 걸고 있던 진주 귀걸이 한쪽을 떼어
식초가 담긴 술잔에 떨어뜨려 마십니다.
진주의 주성분인 탄산칼슘이 식초의 산성에 녹았던 것이죠.
귀한 진주를 식초에 녹여 마신 클레오파트라의 대범함에
결국 안토니우스는 마음을 빼앗기고 맙니다.

14~17세기 사이 유럽에서는 흑사병이 발생하여
전체 인구의 1/3인 2억 명 이상이 사망하는 대재앙을 겪습니다.
그 시기, 프랑스 남부 도시 툴루즈에서는 죽어가던 사람들 사이를 헤집고 다니며
도둑질을 하던 네 명의 도둑이 있었지요.
죽은 자들 사이에서 도둑질을 하면서도 이들이 흑사병에 걸리지 않은 이유는 무엇일까요?
바로 도둑질하러 나가기 전에 식초를 온몸에 뿌려 감염을 예방했기 때문이랍니다.
붙잡혀 화형을 선고받았으나 이들의 비법이 세상에 알려지며
많은 이들이 생명을 구하게 되었고, 네 명의 도둑들은 형을 면하게 되었지요.
아직도 영국과 프랑스에는 '4인 도둑의 식초(four thieves vinegar)'라는 브랜드가 있습니다.

콜럼버스의 신대륙 발견도
식초를 활용한 초절임 양배추의 공로가 컸다는 이야기가 남아있습니다.
담수화 시설이나 냉장고 없이 오랜 시간 긴 항해를 해야 하는 선원들이
영양 보충을 하며 건강을 챙길 수 있었던 것은
바로 초절임 양배추를 통해 비타민C를 섭취했기 때문이었지요.

우리나라 식초는 삼국시대 때 중국에서 처음 전해졌다고 합니다.
중국에서는 공자 시대 전부터 이미 식초를 먹어왔다지요.
중국의 농서인 《제민요술》이나 이수광의 《지봉유설》에서는 초를 가리켜 '고주(苦酒)'라 했고,
《해동역사》를 보면 고려시대에 식초가 음식 조리에 이용된 것을 알 수 있습니다.
고려시대에 발간된 한의서인 《향약구급방》에는
식초를 약으로 쓰는 여러 가지 방법이 기록되어 있습니다.
허준의 《동의보감》에도 '식초는 풍(風)을 다스린다. 고기와 생선, 채소 등의 독을 제거한다'는
내용을 찾아 볼 수 있지요.
고대부터 내려오는 여러 자료를 살펴볼 때
식초가 동서양을 막론하고 아주 오래전부터 선조들의 식탁에서
건강을 위해, 병의 치료를 위해 두루 사용되어 왔다는 점은 분명한 사실입니다.

지금은 가까운 슈퍼나 편의점, 시장, 마트의 식품 코너 어디를 가더라도
쉽게 식초를 구할 수 있습니다. 하지만 식초를 살 수 없던 시절,
우리 선조들은 어떻게 이 오묘한 신맛의 조미료를 얻을 수 있었을까요?
지금으로부터 100여 년 전까지만 하더라도 집에 신맛의 조미료가 필요하면
우리 할머니, 어머니는 직접 고두밥을 쪄서 술을 빚고
그 술을 발효시켜 식초를 만들었습니다.
아침, 저녁으로 불을 지펴 밥을 하고 그 온기로 온돌을 달구어 난방을 했던
우리 옛 부엌은 식초를 발효하기 좋은 조건이었습니다.
불을 지피지 않아도 부뚜막 온기는 오랫동안 따뜻하게 유지되었고,
따뜻한 부뚜막 위에 올려놓은 술은 초두루미* 속에서 새콤하게 식초로 익어갔습니다.
조선시대만 하더라도 집안에서 가장 귀하게 여겼던 것이
바로 식초를 발효시키고 보관해 두었던 초두루미였습니다.

초두루미 쌀 막걸리를 빚어 담아 두고 식초를 만들어 보관했던 식초 항아리.
부뚜막 위에 올려 두고 술을 담아 두면 자연스럽게 발효가 되면서 식초가 만들어졌다.

초두루미는 형태가 두루미를 닮아 초두루미라 불렀습니다.
이는 두루미처럼 장수하는 식품을 담고 있다는 의미로도 풀이됩니다.
초두루미에 술을 부어 뜨듯한 부뚜막 위에 두면 자연 그대로 발효가 일어나 식초가 됩니다.
몸통에 비해 유난히 작은 입구, 입구와 출구의 다른 구멍 크기 등
초두루미 형태 자체가 온도를 조절하고 공기의 양을 조절하는 효과가 높습니다.
초두루미 입구에는 솔가지나 볏짚을 꽂아 두었습니다.
이는 초파리나 날벌레들을 막아 주기도 하겠거니와,
결과적으로 초산균의 성장을 도와 발효가 잘 일어나게 했을 겁니다.

조상들은 식초를 빚을 때면 부정이 타지 않도록 말하는 것조차 조심했다고 합니다.
조선시대 실용 지식서인 《규합총서》에 실린 쌀 식초 제조법을 보면
'정화수 한 동이를 사용한다'는 표현이 등장합니다.
정성으로 음식을 대하는 우리 조상들의 마음가짐을 엿볼 수 있지요.
우리 할머니, 어머니는 발효 전문가가 아니었습니다.
그런데도 감칠맛 나고 은은한 향을 지닌 식초를 직접 빚어 밥상을 풍요롭게 하고
제철 채소나 식재료를 초절임하여 음식의 보존 기간을 늘리고
가족 중 누군가 갑자기 체했을 때 응급 비상약으로 사용하기도 했습니다.

No.02

신맛의 문화

사람이 먹는 먹을거리에 신맛이 빠진 음식을 찾기 어렵습니다.
신맛을 한번 머릿속에 떠올려 보세요. 순간 우리 몸은 즉각 반응합니다.
입안에 침샘이 자극되어 침이 고이지요.
군침이 돈다는 말은 신맛을 느낄 때 반응하는 몸의 변화에서 온 표현입니다.
입맛을 돋우는 작용을 하기에 식초는 식사의 애피타이저(전채)에 자주 활용됩니다.
새콤한 애피타이저와 달콤한 디저트는
음식을 단순히 '먹는다'는 개념에서 '느끼고 즐기는' 문화로 다가오게 합니다.

식초는 전 세계 어느 나라, 어느 민족이든
그들에게 맞는 고유하고 다양한 신맛으로 존재합니다.
빵과 치즈, 육류와 해산물이 주 식재료인 서양에서는
식초가 들어간 새콤한 소스와 향신료가 발달하여 음식의 고유한 맛을 돋우어 줍니다.
신선한 샐러드에 식초에 절인 올리브를 얇게 썰어 올리거나
식초를 통째로 뿌려 활용하기도 하고요.
겨자씨나 겨자 열매에 식초를 넣어 만든 머스터드소스는
서양인에게 가장 친숙한 양념 중 하나입니다.
고기나 생선 요리에 주로 쓰이고 빵이나 샐러드에 단골로 등장하며
스테이크에 곁들임으로도 활용되지요.

쌀을 주식으로 하는 아시아권 식문화에서는 식초가 음식의 주요리와 관련이 많습니다.
특히 기름에 튀기거나 볶는 조리법이 많은 중국 요리에는 식초가 필수입니다.
새콤한 맛이 느끼함을 가셔주기 때문이지요.
수천 년의 유구한 역사와 광활한 영토를 가지고 있는 중국은
광둥에서 만주, 티베트까지 서로 다른 기후 조건에 다양한 식재료가 넘치다 보니
지역마다 특징 있는 요리가 발달되었습니다.
베이징요리(北京料理), 난징요리(南京料理), 쓰촨요리(四川料理), 광둥요리(廣東料理) 등
크게 볼 때 네 부류로 나눌 수 있는데, 추운 곳의 베이징요리나 따뜻한 곳의 광둥요리나
공히 식초가 요리의 중심을 차지하는 것에는 변함이 없지요.
중국인의 7대 필수품에 기름, 소금, 간장, 쌀, 연료, 차(茶)와 함께
식초가 포함된 것을 보면 신맛이 그들의 삶에 얼마나 중요한 것인지 알 수 있습니다.

바다로 둘러싸여 있는 섬나라 일본은
신선한 해산물을 활용한 요리가 다양하게 발달되었습니다.
쌀을 주식으로 하지만 지리적 특성상 생선회와 해산물 등을
부식으로 하기 때문에 식초를 활용한 요리도 다양하지요.
식초가 비린내를 없애고 살균하는 효과까지 있으니 당연한 선택이 아닌가 합니다.
생선회(사시미)는 오늘날 서양에도 잘 알려진 요리로,
원래는 날 생선을 식초에 절인 요리였습니다.
초밥(스시)의 경우 수분이 낮은 고슬고슬한 쌀밥에
식초, 소금, 미린(조미료로 쓰는 달콤한 쌀술)으로 조미하고
생선과 채소를 얹은, 매우 대중적인 일본 음식입니다.
이제는 세계 어디에서도 쉽게 맛볼 수 있는 요리가 되었지요.

우리나라는 중국, 일본처럼 쌀을 주식으로 한 문화권이지만
그들과 다른 우리만의 독특한 음식 문화를 갖고 있습니다.
바로 장류와 식초의 접목입니다.
어린 시절 시골집에 가면 마당 한쪽에 가을 햇살을 받아
유난히 반짝이는 장독들이 놓여 있는 모습을 본 적이 있습니다.
장독마다 고추장, 된장, 간장, 식초 같은 장들이 다소곳이 담겨 있고
부엌이나 광에도 장이 담긴 단지들이 놓여 있었습니다.
옛날 우리 어머니들은 고추장, 된장, 간장, 식초 등 각종 발효 식품을 살림 밑천이라 하여
크고 작은 장독에 담아 일 년 내내 소중하게 보관했지요.
그러면서 고추장과 식초를 혼합하여 초장(초고추장)을 만들고
간장과 식초를 혼합하여 장아찌와 초간장을 만들어 먹었습니다.

식초와 간장에 담그면 온 산과 들의 먹을거리가 훌륭한 장아찌로 변신합니다.
봄이면 돋아나는 두릅으로 두릅 장아찌를 만들고, 여름엔 깻잎으로 깻잎 장아찌를 만듭니다.
알싸하게 매운 고추로 고추 장아찌를 만들어 더위에 지친 입맛을 돋우었습니다.
가을이면 버섯이나 과일을 이용해 장아찌를 만들고
겨울이면 무나 배추를 활용하기도 하였지요.
지역마다 특색 있는 장아찌가 등장하기도 합니다.
울릉도에선 산마늘(명이나물)로 장아찌를 만들고
포항에선 부추로, 장흥에선 표고버섯으로 장아찌를 만들어 먹었습니다.
가까운 산과 들의 모든 나물과 먹을거리가
식초와 간장으로 만든 장아찌의 재료가 되었지요.
여자에게 좋은 당귀 잎으로 만든 당귀 장아찌는
딸만 셋 둔 아버지에게 고마운 밑반찬이 되어 줍니다.
간장에 조린 소고기 장조림이나 달걀 장조림에도 식초를 한두 숟갈 넣으면
육류의 쫄깃한 맛과 식초 간장의 새콤 짭조름한 맛이 어울려
밥도둑 식초 장조림이 완성됩니다.
간장의 사용을 줄여 나트륨 섭취를 줄일 수 있으니 건강에 좋은 건 덤이지요.

식초와 고추장의 만남, 초장에 봄철 각종 산나물을 살짝 데쳐 찍어 먹어도
그 맛이 일품입니다. 여름철 무더위로 입맛이 없을 때면 냉면이나 국수를 삶아
초장을 듬뿍 얹어 비벼먹는 비빔냉면과 비빔국수도 훌륭한 별미이지요.
가을이 되면 밭에 심어 두었던 도라지를 캐어 깨끗이 씻고
굵은 소금으로 아린 맛을 없앤 후 초장에 버무려 밥상에 올립니다.
반찬 걱정 따로 없는 것은 물론이고, 환절기 기관지 건강까지 챙길 수 있습니다.
겨울철엔 미역 줄기를 살짝 데쳐 초장에 찍어 먹으면 향긋한 바다 내음을 느낄 수 있지요.
미나리에 쌈 싸먹는 과메기 또한 초장을 만나면 훌륭한 술안주로 손색이 없습니다.

하루 중 가장 행복한 시간이 언제냐고 묻는다면 일과를 마치고 한숨 돌리며
시원한 맥주 한잔하는 시간이라 답하는 데 망설임이 없습니다.
이때 맥주 안주로 땅콩이나 마른 오징어도 좋지만
초간장에 찍어 먹는 물만두가 어울리는 것은 의외이지요.
육류 요리, 밀가루 음식, 튀김 종류 등 느끼한 음식을 먹을 때는
간장으로 간을 맞추고 식초를 추가하여 함께 먹으면
소화를 돕는 것은 물론이고 새콤하고 개운한 입맛도 살릴 수 있습니다.

이렇듯 신맛의 식초는 시대와 세월을 떠나
인류가 음식을 요리하고 섭취하는 순간부터
삶 속에 다양한 방식으로 스며들어 풍부한 문화가 되었습니다.
단순히 살기 위해 먹어야 하는 음식이 아니라
다양하게 느끼고 즐기는 음식으로,
식초가 음식 문화에 질적인 발전을 가져왔다 해도 과언이 아닙니다.

No.03

먹어서는 안 되는 식초

미생물의 활동이 왕성한 무더운 여름,
냉장고에 넣어둔 음식마저도 관리가 소홀하면 부패하기 쉬운 계절입니다.
그런데 절대 변하지 않는 식품이 있습니다.
모처럼 외식을 나가면 음식점 식탁 한가운데 자리를 차지한 식초병을 종종 봅니다.
발효가 일어나야 식초가 되고 지나치면 부패가 진행되는 것이 자연의 순리입니다.
그런데 식탁 위에 놓인 식초는 무더운 날씨에도 아무런 변화의 기색이 없습니다.
너무나 멀쩡합니다.
자연의 이치를 거스른 식초. 주변에서 너무나 쉽게 볼 수 있는 우리 식초 문화의 현주소입니다.
자연의 순리를 거스른 식품이 사람에게 이로울 리 없지요.
건강을 생각하는 식습관은 사람이 먹지 말아야 할 것을 가려
우선 입에 대지 않는 것에서 시작한다고 생각합니다.
초산 발효 과정을 거쳐 몸에 좋은 유기산이 가득해야 할 식초가
언제부터 이렇듯 '먹어서는 안 될' 식초로 둔갑해 버린 걸까요?

대대로 전해 내려온 우리의 식초 전통은 슬프게도 일제 강점기에 그 맥이 끊기고 맙니다.
식초는 술을 근본으로 하는 발효 식품입니다.
술이 시어지는 초산 발효를 통해 식초가 만들어집니다.
그런데 일제강점기 주세법(1909년)으로 전통주 제조가 금지되면서
식초의 전통도 명맥이 끊기게 됩니다. 전통주의 말살은 곧 전통초의 단절로 이어졌지요.
근대화의 물결이 밀어닥치고 이후 36년간의 일제강점기를 거치며
우리 고유의 식초 문화는 아예 사라지고 맙니다.
그 자리를 메운 것이 바로 주정(에틸알코올)을 발효시킨 식초와 정체불명 원료로 만든 희석초산,
그리고 석유를 원료로 한 빙초산입니다.

빙초산은 대체 무엇일까요?
빙초산은 16.6℃ 이하에서는 얼음 형태의 고체 결정이 되므로 빙(氷)초산이라 불립니다.
아세트산 95% 이상의 강한 산성을 띠는 물질로
사람의 피부에 닿으면 피부가 타들어 갑니다.
빙초산은 석유에서 강산을 추출하여 중금속만 제거한 석유정제물입니다.
강산이므로 흡착력이 높아 가죽이나 섬유의 염색에 사용되고,
잡초를 죽이는 제초제에도 사용되지요.
농약을 뿌리고 바로 비가 와도 제초제 성분이 씻겨나가지 않아 잡초는 말라 죽습니다.
빙초산이 들어간 희석초산(합성식초)은 사실상 사람이 먹을 수 있는 식초가 아닙니다.
희석초산에 대해 프랑스 식품안전 관련 부처(DGCCRF)에서는
'식용 초산이든 아니든 식초에 인위적으로 초산이 들어간 것은 식초가 아니다' 라고
규정하고 있지요.
많은 나라에서 빙초산은 공업용으로만 허가되었으며,
인체에 대한 안전성 또한 검증되지 않았지요.
강산성 석유정제물을 물로 엷게 희석한다고 해서
사람이 먹어도 된다는 의미는 아닐 것입니다.

안타깝게도 우리나라에서는 빙초산 성분이 식초가 되어
사람들이 먹고 마시는 용도로 사용됩니다.
김밥을 만들 때 꼭 들어가는 단무지, 아이들이 좋아하는 치킨과 피자에
곁들여 나오는 절임 무와 피클, 고기를 쌈 싸먹는 용도로 나오는 쌈무,
그밖에 케첩, 마요네즈 등 시중의 각종 소스류에도 사용됩니다.
조미 오징어에도 사용되는 것이 빙초산이 들어있는 희석초산입니다.
우리는 알게 모르게 이러한 희석초산을 어제도 먹어왔고
오늘도 먹을 수밖에 없는 현실에 살고 있습니다.

이름만 발효식초도 있습니다.
모든 식초는 술에서 옵니다.
자연에 있는 곡물이든 과일이든 원재료를 알코올 발효시켜 술을 만들고
술을 초산 발효시켜 식초를 만드는 것이 식초를 만드는 기본 원리입니다.
그런데 과학기술의 발달로 사람이 먹는 먹을거리가 이제 자연에서 오지 않아도 됩니다.
곡물과 과일 원료를 이용하여 술을 만드는 과정이 생략되고
'주정'이라고 불리는 95% 이상의 에틸알코올을 첨가하여
공장에서 뚝딱 식초를 만들어 냅니다.
주정을 넣으면 알코올 발효 과정이 필요 없고 술지게미 같은 찌꺼기도 생기지 않으니
큰 탱크에서 순식간에 대량으로 쉽게 식초를 만들 수 있습니다.
주정에 물을 타고 현미 엑기스를 일부 넣으면 현미식초가 되고,
사과 농축액을 조금 넣으면 사과식초가 됩니다.

이런 식초는 발효 과정 또한 다릅니다.
미생물인 초산균의 증식으로 발효되는 것이 아니라
강제로 공기를 넣고 500rpm(분당 500회 회전) 이상 빠르게 교반시키면
주정이 산화되어 신맛으로 바뀌는 것이지요.
초산 발효로 식초가 만들어지려면 기온이나 주변 여건에 따라 차이가 있으나
보통 30여 일 이상 소요됩니다.
하지만 강제로 알코올을 산화시키면 3일 안에도 아주 강한 맛의 식초가 만들어집니다.
갓난아기가 걸음마도 떼기 전에 성년이 된 거나 다를 바 없지요.

이렇게 생산된 식초 신맛의 주성분은 아세트산입니다.
이런 식초에서는 자연 그대로 느리게 초산 발효를 거쳐 만들어지는 식초에 들어있는
아미노산, 구연산, 호박산 등 다양한 유기산 성분을 찾기 어렵습니다.
시중에서 판매되는 현미식초, 사과식초 등 각종 식초가 대부분 이 주정식초에 해당하지요.
쉽고 빠르게 대량 제조되다 보니 가격 또한 무척 저렴합니다.
주정을 강제 발효시켰다고 하여 '발효식초'란 이름을 달고
마트나 가게 진열장에 놓여 있지만, 이 식초가 과연 진짜 '발효' 식초일까요?
우리가 알고 있는 발효와 다른 의미이지만
'알릴 것을 알리지 않은 것뿐이지 거짓말은 아니다' 라는 논리이니,
이제 우리 스스로 좋은 식초를 찾고 고를 수 있는 안목이 필요합니다.

지금 우리가 접하는 식초에는 여러 종류가 있습니다.
땅속 까만 석유에서 신맛만을 추출하여 만든 식초(희석초산),
주정이라는 에틸알코올을 물로 엷게 희석하여 강제로 신맛을 만들어낸 식초(주정식초),
원료 자체에 미생물이 번식하도록 자연 그대로 느리게 발효시켜
다양한 신맛의 유기산을 생겨나게 한 식초(전통 방식의 식초)입니다.
내 아이에게 어떤 식초를 먹도록 해야 할까요?

식초 PLUS

합성… 희석… 발효…
내가 먹는 식초는?

우리나라 식품 공전에 보면 '식초는 곡류, 과실류, 주류 등을 주원료로 하여 발효시켜 제조하거나 이에 곡물 당화액, 과실 착즙액 등을 혼합. 숙성하여 만든 발효식초와 빙초산 또는 초산을 먹는 물로 희석하여 만든 희석초산을 말한다.' 고 되어 있습니다.

이중 '발효식초는 과실, 곡물술덧(주요), 과실주, 과실 착즙액, 곡물주, 곡물 당화액, 주정 또는 당류 등을 원료로 하여 초산 발효한 액과 이에 과실 착즙액 또는 곡물 당화액 등을 혼합, 숙성한 것을 말한다. 이 중 감을 초산 발효한 액을 감식초라 한다.' 고 기재되어 있습니다.

희석초산은 '빙초산 또는 초산을 먹는 물로 희석하여 만든 액을 말한다.' 라고 명시되어 있지요.

2016년까지만 하더라도 식초는 발효식초와 합성식초, 기타식초로 나뉘었던 것이 합성식초가 이롭지 못하다는 것이 널리 퍼지자 합성식초란 말과 기타식초란 표현이 사라지며 희석초산이라는 새로운 이름이 등장하였습니다.

우리나라 식품의 기준이 이렇게 사람을 혼돈스럽게 합니다. 사람이 먹지 말아야 될 식초들이 포장되고 과장되어 버젓이 유통되고, 저렴한 가격에 소비자는 그 유혹을 견디지 못합니다. 일부 기업의 경제 논리와 로비에 사람이 먹는 먹을거리의 기준이 흔들리는 것 같아 안타까움이 앞섭니다.

이제는 소비자들이 조금 더 똑똑해져 좋은 먹을거리를 스스로 가려야 하는 세상이 왔습니다.

No.04

사랑한다면 자연 그대로 느린 발효식초를

식초 신맛의 주성분은 초산이라는 아세트산(CH$_3$COOH)입니다.
원료 자체를 자연발효시킨 전통 식초에는 신맛 성분에 아세트산 이외에도
각종 아미노산과 구연산, 호박산, 주석산 등 다양한 유기산이 풍부하게 어우러져 있지요.
이러한 유기산은 몸의 신진대사를 활발하게 하고 비타민과 무기질 등
각종 영양소가 체내에 잘 흡수되도록 도와주는 역할을 합니다.

특히 현미나 오곡 등 곡물과 누룩을 이용해 자연발효시킨 식초는
누룩의 효소 성분과 더불어 단백질 분해를 통한 아미노산 성분이 매우 풍부합니다.
사과나 포도, 복숭아, 감귤, 유자 등 과일 100%로 자연발효시킨 과일식초는
과일 자체의 풍미와 함께 비타민C, 구연산이 풍부하지요.
이렇게 다양한 유기산은 체내의 남아도는 지방을 분해하고
칼로리 소모를 주도하여 비만을 방지합니다.
이미 잘 알려져 있다시피 식초는 피로 회복에도 매우 효과적입니다.
피로를 유발하는 물질인 젖산의 생성을 막을 뿐 아니라
이미 생성된 젖산을 분해하기 때문입니다.
또한 식초는 음식으로 들어온 영양분 중 체내 흡수율이 떨어지는 칼슘의 흡착력을 높이는
작용을 합니다. 이 때문에 성장기 아이들의 골격 형성에도 도움을 줍니다.
산소와 헤모글로빈의 친화력을 높여 뇌에 산소를 충분히 공급하도록 해 머리를 맑게 하고
기억력을 증진시키므로 공부에 지친 아이들에게도 훌륭한 건강 음료가 됩니다.

어른들의 경우 간(肝)의 대사를 원활하게 하여 영양소가 우리 몸에서 분해되는 과정을
촉진하기에 과음에 의한 숙취 해소에도 그만이지요.
유기산의 신맛은 타액과 위액의 분비를 촉진하여 소화 흡수를 돕고
변비를 개선하는 효과는 물론 신진대사를 활발하게 해 조직 세포를 활성화시킵니다.
또 혈액 순환을 원활하게 도와 고혈압이나 동맥 경화에도 효과적이지요.

종합하면 식초는 몸의 독소를 밖으로 배출시켜 피를 맑게 하고
스트레스로 인한 각종 피로를 해소하는 데 도움이 된다는 것을 알 수 있습니다.
지금 우리는 간편식, 인스턴트식품, 도정되고 가공되며
식품첨가물 덩어리인 음식과 먹을거리의 공해 속에 살고 있습니다.
이러한 연유로 예전에는 없던 이상 반응이 나타나고 비만율이 높아지고
각종 피부 질환과 소화불량 등 크고 작은 질병에 시달리지요.
순댓국 한 그릇 먹어보는 것이 소원인 사람이 있습니다.
평상시 집밥을 먹기보다 외식을 많이 하고 라면과 인스턴트 음식을 즐기고
불규칙한 식사와 폭식을 반복하면서 결국 위장이 견디다 못해 탈이 났던 것이지요.
위염과 위궤양을 지나 위암 초기까지 가서야 음식을 가려먹기 시작합니다.
그렇게 좋아하는 순댓국 한번 먹어보는 것이 소원인 분을 보며
지금 먹고 싶은 것을 먹을 수 있다는 것이 얼마나 감사한 일인지를 다시 한 번 깨닫게 되지요.

의학의 발달로 평균 수명이 지속적으로 늘어나고 있습니다.
하지만 아프지 않고 건강하게 살 수 있는 건강 나이는 크게 변함이 없지요.
아프면서 장수하는 것은 재앙이라는 이야기를 주변 사례에서 쉽게 확인할 수 있습니다.
'지금 당신이 먹는 음식이 당신이다'
사람의 피와 살을 만들고 활동할 수 있는 에너지를 갖게 하는 원동력인
먹을거리가 그 사람을 만든다는 의미겠지요.
좋은 식초는 건강한 사람을 만듭니다.
좋은 신맛은 먹는 즐거움과 함께 건강한 신체를 구성하게 하지요.

명절에 차례를 지내며 조상님께 술잔을 올리는 손이 심하게 떨리는 분을 보았습니다.
업무 스트레스와 지속된 음주로 인해 간의 해독 능력이 떨어지고 지방이 쌓여
결국 지방간을 지나 간경화까지 진행되고 있었지요.
증상이 심해 간 이식까지 고려해야 되는 상황에 식초를 먹게 하였습니다.
하루 동안 마시는 물 2리터에 식초 80ml을 엷게 희석하여
생수 대신 꾸준히 마시게 하였지요.
7개월이 지난 그 다음 명절에 만나니 황달도 사라지고 얼굴에 혈색이 도는 모습이었습니다.
심하게 떨던 손은 어디로 갔는지 수전증마저 사라진 것을 볼 수 있었습니다.

이렇게 나열한 식초의 효능을 보니 마치 식초가 만병통치약처럼 느껴지기도 합니다.
하지만 식초가 병을 치료하는 약은 아닙니다. 사람에게 이로움을 주는 식품으로,
평소 신체를 건강한 조건으로 만들어 질병이나 몸에 이상 반응이 올 때
대응력과 면역력을 높이고 삶의 질을 높여주는 예방 차원의 식품입니다.
매일 먹는 음식에 좋은 식초를 충분히 사용하고 평상시 식초 음료를 즐겨 마시는 것만으로도
건강한 신체를 유지할 수 있다는 것은 자연이 우리에게 주는 축복이 아닐까 생각합니다.
세계적인 장수촌으로 알려진 곳 중에 유독 식초 산지가 많습니다.
흑초 산지인 일본의 가고시마나 사과식초의 산지인 미국의 버몬트 지방만 보아도
자연발효식초의 이로움을 쉽게 확인할 수 있지요.
다만 식초라고 다 같은 식초가 아니라는 점은 반드시 기억하시기 바랍니다.
시중에는 수많은 종류의 식초가 있지요. 나와 내 아이, 사랑하는 가족이 먹는 식초는
어떤 식초여야 하는지 꼼꼼히 따져 보아야 합니다.

먹을거리를 생산하고 소비하는 사람들이 반드시 지켜야 할 몇 가지가 있습니다.
가장 중요한 하나는 바로 자연에서 온 것이어야 한다는 점입니다.
사람도 자연의 일부입니다.
자연의 일부가 자연을 받아들이는 것만큼 자연스러운 것은 없을 것입니다.
우리가 사는 땅의 기운으로 싹이 돋고, 햇빛의 기운으로 싹이 자라며,
물과 바람, 공기의 도움으로 열매를 맺고,
농부의 땀과 정성을 더해 좋은 먹을거리가 생산됩니다.
유난하고 거창하다 생각될 수도 있으나 우리 몸을 구성하고 생명을 이어갈 수 있도록 해주며
건강한 삶을 유지시켜주는 먹을거리를 만드는 데 이보다 더 중요한 것은 없습니다.

자연 앞에 겸손해야 합니다.
사람의 기술이 거만할 때 자연은 깨달음을 주겠지요.
자연의 순리를 따라야 합니다.
사람도 자연의 일부이듯 먹을거리도 자연에서 찾아야 합니다.
현미식초를 만드는 데 다른 것은 필요하지 않습니다.
현미, 누룩이나 엿기름, 정제수만 있으면 됩니다.
사과식초는 100% 사과로만 만들어야겠지요.

자연발효된 식초는 주정이 필요 없습니다.
자연발효된 식초는 발효 영양원이 필요 없습니다.
자연발효된 식초는 인위적인 향을 내는 착향료가 필요 없습니다.
자연발효된 식초는 강제 발효시키는 기술이 필요 없습니다.
자연발효된 식초는 원료 자체만으로 발효가 일어나고 식초가 되어 갑니다.
사람은 자연을 다스리는 것이 아니라 자연에 순응하며
자연의 심부름꾼 역할을 하면 되는 것입니다.
그 과정에서 자연은 사람에게 각종 미네랄과 유기산이 풍부한 식초를 선물합니다.
그 식초를 먹고 우리의 몸과 마음이 조금 더 건강해지고 편안해집니다.
이렇게 원료 자체만으로 자연발효된 좋은 전통 식초를 어떻게 먹어야 할까요?
가장 좋은 방법이라는 것은 없습니다.
그냥 평상시 새콤한 신맛이 필요한 음식에 양념으로 꾸준히 활용하고
마시는 생수나 음료에 식초를 20배 이상 엷게 희석하여 꾸준히 먹는 것이지요.
속쓰림이 있을 수 있으니 진하게 먹으려면 식후나 식사 도중에 먹으면 됩니다.

좋은 식초를 찾고 고를 수 있는 안목이 필요합니다.
식초가 만들어지는 원리만 알면, 좋은 식초를 쉽게 고르고 구할 수 있습니다.
옛날 할머니와 어머니가 해 오신 것처럼 식초를 직접 만들 수도 있지요.
만드는 방법이 그리 어렵지 않습니다.
식초는 사람이 만드는 것이 아니라
자연이 만드는 것이기 때문입니다.

사 랑 한 다 면 ,
지금 내가 사랑하는 사람들이 먹고 있는 식초가 어떤 식초인지 살펴보세요.
사 랑 한 다 면 ,
내가 사랑하는 사람들이 자연에서 온 식초를 먹도록 해주세요.

식초,
산성 식품일까, 알칼리성 식품일까

식초를 알칼리성 식품이라고 하면 의아해 하는 분들이 많습니다. 신맛이 나니 산성이 분명한데 왜 알칼리성 식품이냐는 것이지요. 알칼리성 식품, 산성 식품을 나누는 기준은 사실 맛과는 관계가 없습니다. 식품 섭취 후 체내에 남는 무기질의 성질에 따라 나누지요.
식초는 산성을 띠지만 우리 몸에 들어가 분해되면 나트륨 · 칼륨 · 칼슘 · 마그네슘 등 알칼리성 무기질 비율이 높게 남습니다. 그래서 알칼리성 식품이지요. 채소류, 과일류, 두유, 우유, 콩 등도 알칼리성 식품에 속합니다. 탄수화물을 포함한 쌀과 밀 등 곡류는 산성 식품입니다. 소고기, 돼지고기, 닭고기 같은 육류와 생선류, 달걀류도 산성 식품에 해당하지요. 이렇게 보니 어떤가요? 우리 식탁에 주로 어떤 식품이 오르고 있나요?
흔히 알칼리성 식품을 많이 섭취해야 한다고 말합니다. 그 이유는 산성 식품이 몸에 해롭고 알칼리성 식품만 몸에 좋기 때문이 아닙니다. 우리가 자주 찾고 즐겨먹는 음식 대부분이 산성 식품이기 때문에 알칼리성 식품을 보충하여 균형을 맞추자는 것이지요. 산성 식품만 섭취해 몸이 산성화되면 몸의 균형이 깨지고 면역력 또한 급격히 떨어지며 질병에 노출되기 쉽지요. 그래서 나는 식초를 마시지 않은 사람을 산성화된 사람이라 부릅니다.
자연은 어느 하나에 치우침 없이 조화롭고 균형 잡힌 것을 좋아합니다. 사람의 몸도 마찬가지입니다. 정상 상태에서 조금이라도 벗어나면 신호를 보내고 해결책을 찾아 원래 상태로 돌아가려 합니다. 일을 하거나 운동을 하여 땀을 많이 흘리면 갈증이 나서 물을 찾게 되지요. 육류나 튀김, 밀가루 음식 등 기름지고 느끼한 음식을 먹고 나면 바로 새콤하고 청량한 맛이 당기는 것도 마찬가지입니다. 그렇다고 한 끼 식사만으로 우리 몸이 단번에 산성이나 알칼리성 한쪽으로 치우치지는 않습니다. 계속해서 산성에 기운 식사를 하여 몸의 균형 작용이 한계를 넘어설 경우 문제가 됩니다.
산과 염기의 중화는 자연의 섭리입니다. 다만 중성보다는 약알칼리성을 유지할 때 우리 몸은 더 건강한 상태를 유지하면서 면역력도 높게 나타납니다. 우리 몸속 혈액이 pH 7.4의 약알칼리성인 것만 보아도 쉽게 알 수 있지요. 그러니 체액이 산성으로 치우치지 않도록 주의하며 알칼리성 식품을 많이 섭취하는 것이 건강을 유지하는 비결입니다.
산성 식품으로 가득한 식탁에 식초를 첨가하면 기울어진 식탁이 균형을 잡습니다. 자연의 원리로 몸의 균형을 이끌어 주는, 식초는 참 고맙고 감사한 양념입니다.

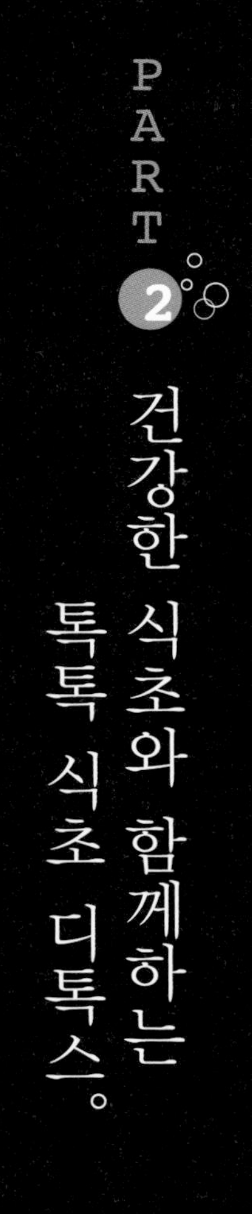

PART 2

건강한 식초와 함께하는 톡톡 식초 디톡스。

디톡스(Detox)는 몸속에 쌓인 독소를 밖으로 배출하는 일입니다.
과도한 영양과 스트레스, 오염 물질에서 자유롭지 않은
현대인의 일상에서 건강을 결정짓는 가장 중요한 생활 습관 중 하나이지요.

내 몸은 내 스스로 지켜야 합니다.
분명한 것은 일시적이고 충동적인 디톡스로는 효과를 볼 수 없다는 사실입니다.
해독은 꾸준히 생활로 실천해야 합니다.

항상 옆에 두고 흔히 사용하는
우리의 전통 발효 양념 '식초'가 빛을 발합니다. 해답을 줍니다.
채소와 과일을 챙겨 먹고
식초를 희석한 음료를 잘 챙겨 마시는 것만으로도 해독은 시작되지요.

'식초 디톡스' 는 무엇보다 쉽고 간단합니다.
바쁜 일상생활 속에서도 쉽게 실천할 수 있는 이점이 있습니다.
내 몸을 위한 작은 실천.
나와 내 가족의 건강을 챙기는 작은 습관입니다.

활용법

- 물에 희석해 마실 때는 파인애플식초와 물을 1:10의 비율로 엷게 희석하고,
  에이드의 경우 물을 조금 더 적게 넣습니다.
  신맛의 정도에 따라 파인애플식초를 조금씩 가감하면 됩니다.
- 우유나 두유에 파인애플식초를 1/5 정도 희석하여 잘 섞으면 우유나 두유의 단백질이
  응고되어 걸쭉해지는데, 이렇게 플레인 요구르트로 먹는 방법도 좋습니다.
- 파인애플식초는 신맛이 짙어 일반적인 식초 요리에 두루 사용해도 무리가 없습니다.
- 파인애플식초를 가장 잘 활용하는 방법은 먹는 것에만 있지 않습니다.
  적당한 운동은 우리가 섭취한 식초가 신진대사 활동을 하는 데 윤활유 같은 역할을 합니다.
  같은 식초를 먹어도 효과는 천지 차가 날 수 있지요.
  내가 사랑하는 사람은 적당한 운동과 함께 인위적인 당분이 포함되지 않은
  건강한 파인애플식초를 마시면 좋겠습니다.

No.06

건강한 바나나식초 만들기

바나나우유를 좋아하던 후배가 있었습니다.
어릴 적에 바나나를 좋아했는데 너무 비싸 바나나우유로 대신했다는 친구입니다.
그 친구, 요목조목 예쁜 얼굴이 아닌데도 웃는 모습이 참 예뻤습니다.
어떤 일이든 항상 좋은 방향으로 생각하는 모습이 무엇보다 마음에 들었지요.
주변에 보면 스스로 자신의 단점을 찾아 슬퍼하는 이도 있는데
그 친구는 자신의 장점을 찾아 즐길 줄 아는 친구였습니다.

웃는 얼굴이 세상에서 제일 예쁩니다.

웃는 모습은 못생긴 얼굴도 예쁘게 만듭니다.
세상에서 가장 예쁜 얼굴이 어떤 얼굴이냐 묻는다면
단연코 이가 훤히 드러나도록 환하게 웃는 얼굴이라 말하는 데 망설임이 없습니다.
지금 일하고 있는 책상에 거울이 하나 놓여 있습니다.
거울 속의 그 사람은 웃을 때 그리 멋있을 수 없지요.
간혹 화가 나거나 스트레스가 쌓일 때 무심코 거울을 바라보면
거울 속 낯선 모습에 깜짝 놀랍니다.
새삼 내게 이렇게 무서운 얼굴이 있었나 싶습니다.
분명 똑같은 나인데 작은 얼굴에도 천사와 악마가 공존하는 듯합니다.

화가 나면 나도 깜짝 놀랄 만큼 미운 얼굴이 되는 걸 알고 나니
많은 사람들을 만나며 잊지 않는 것이 있습니다.
그냥 미소를 짓는 것입니다.

상대는 내 거울입니다.
내가 웃으면 상대도 웃지요.
상대가 웃으니 내 기분도 좋아집니다.
그래서 가끔 거울을 바라보며 그냥 한번 웃어 봅니다.

바나나식초를 만들어 다이어트에 도전하는 이들이 많습니다.
일본 여성들이 식초에 바나나와 당을 추가하여 다이어트 식품으로 애용하던 것이
한국 방송에 소개되며 많이 알려졌지요.
바나나는 칼륨이 풍부하여 체내 나트륨 배출에 효과적이고
소화와 장 운동을 촉진시켜 변비 예방에도 좋다고 합니다.
다만 아쉬운 것은 우리가 즐겨 찾는 보통의 바나나식초도 파인애플식초와 마찬가지로
인위적으로 당 성분을 추가하여 만든다는 점입니다.
다이어트를 위해 마시는 바나나식초라면 당 성분을 빼고 만들기를 권합니다.
바나나와 식초만 1:1의 비율로 준비하는 것이지요.
사실 100% 바나나만으로도 식초를 발효시켜 만들 수 있으나
바나나 양에 비해 수율이 떨어지고 발효도 복잡해집니다.
여기서는 간단히 바나나에 자연발효된 식초를 넣고 2주간 숙성하여
바나나의 이로움을 식초에 우려내는 방법을 소개하겠습니다.

무가당 바나나식초

1 먼저 바나나와 유기산의 조화를 위해 자연발효된 곡물식초를 준비합니다.
검게 상하거나 흠집이 없는 것으로 선택하여 껍질을 벗겨내고 과육만 준비합니다.
바나나는 식이섬유와 펙틴 성분이 풍부하여 변비 예방과 노폐물 배출에 효과적입니다.

2 껍질을 벗겨낸 바나나 과육은 1cm 정도의 두께로 잘게 잘라 유리병에 넣고
자연발효된 곡물식초를 부어줍니다.

↘ 애초에 식초를 만들 때 바나나 과육을 믹서에 곱게 갈아 넣어 과육 건더기 없이 먹는 방법도 있습니다.
이때는 바닥에 과육이 가라앉을 수 있으니 먹을 때마다 흔들어 마시면 됩니다.

3 이 상태로 냉장고에 2주가량 숙성시킨 후 과육 건더기는 건져내어
샐러드나 요구르트 등에 토핑으로 얹어 먹습니다.
바나나식초는 냉장고에 계속 보관하면서 물이나 각종 음료에 희석하여
편하게 마시면 됩니다.

↘ 냉장 숙성은 혹시 모를 곰팡이 발생을 방지하기 위해서입니다.
바나나식초는 냉장 상태로 1년 넘게 보관하면서 좋은 식초로 두고 먹을 수 있습니다.
당분이 추가되지 않아 신맛이 강할 수 있으니 기호에 따라 꿀을 조금 추가하여 마셔도 됩니다.

활용법

- 물에 희석해 마실 때는 바나나식초와 물을 1:10 비율로 옅게 희석하고,
  에이드의 경우 물을 조금 적게 넣어 주세요.
  신맛의 정도에 따라 바나나식초의 양을 조금씩 가감합니다.
- 두유에 바나나식초를 1/5 정도 희석하여 잘 섞으면 우유와 두유의 단백질이 응고되어 걸쭉해지는데, 이렇게 플레인 요구르트로 먹는 방법도 좋습니다.
- 바나나식초는 신맛이 짙어 보통의 식초 요리에 두루 사용해도 무리가 없습니다.

TIP

식초 디톡스 워터 다이어트

운동이나 등산을 갈 때 물에 10배 이상 옅게 희석한 식초 디톡스 워터를 챙겨갑니다.
갈증으로 수분이 필요할 때 수시로 조금씩 식초 디톡스 워터를 마시는 아주 간단한 방법입니다.
이때 식초는 파인애플식초, 바나나식초, 호박식초가 효과가 좋겠지요?
간단하면서도 다이어트에도 효과 만점인 식초 디톡스입니다.

식초 PLUS

붓기 제거에 좋은 '호박식초'

바나나식초와 파인애플식초는 다이어트에 좋습니다. 여기에 다이어트에 좋은 식초로 한 가지 더 추가하자면, '호박식초'가 있습니다. 늙은 호박이 붓기 제거에 좋다는 건 잘 알려져 있지요. 늙은 호박으로 식초를 만들어 먹는 겁니다. 방법은 바나나식초 만들기와 같습니다. 늙은 호박을 잘게 잘라 병에 담고 발효된 곡물식초를 부어 숙성시킨 후 2주 후부터 마시면 됩니다.
파인애플, 바나나, 늙은 호박! 다이어트 효과는 그대로 살리고, 질릴 때 쯤 새로운 맛으로 번갈아가며 마시는 재미도 느낄 수 있는 건강 다이어트 식초 시리즈입니다.

No.07

아이가 스스로 찾는 식초 플레인 요구르트

하지 말라 하면 더 집착해서 하는 아이를 보며 생각합니다.
교육과 훈육은 주입식 암기와 강요가 아닙니다.
내면의 동기를 이끌어내는 일이지요.
본인 스스로 찾아서 할 수 있도록 가슴속 에너지를 끌어내는 일이어야 합니다.

학창 시절 부모님께서 늘 하시던 말씀이 있었습니다.
"얘야, 공부해라! 공부해서 남 주느냐? 다 너 잘 먹고 잘살라 하는 소리다."
부모님의 잔소리를 들으면서도 친구들과 노는 것이 마냥 좋고
이성 친구에게 관심이 쏠렸습니다. 부모님 앞에서 공부하는 척하다가도
뒤돌아서면 까맣게 잊고 공부는 뒷전이 되고 말았지요.
그 시절 부모님께서는 훌륭하셨지만
가슴속에 있는 에너지까지 이끌어내지는 못하셨던 것 같습니다.

사람에게 좋은 먹을거리도 마찬가지입니다.
김치를 주면 입에 대기는커녕 그냥 빼버리는 어린 막내딸을 보며
부모 입장에서 말이 먼저 나갑니다.
"김치를 먹어야 건강에 좋아."
"김치를 먹어야 착하지."
하지만 어린 막내딸 입장에서 김치는 그저 입에 맞지 않는 맛없는 반찬일 뿐입니다.
엄마, 아빠의 말은 듣기 싫은 잔소리일 뿐이지요.

식초도 그렇습니다.
좋은 식초는 성장기 아이들에게 매우 좋습니다.
꾸준히 먹고 마시면 음식의 영양분 흡수를 도와 성장 발육에 큰 도움이 되지요.
하지만 식초의 신맛을 그대로 잘 받아먹는 아이는 많지 않습니다.
아무리 몸에 좋다 해도, 강요해서는 잘 받아들여지지 않습니다.

아이들이 먹고 마셔서 좋은 식초는 우선 맛이 있어야 합니다.
맛있으면 엄마, 아빠가 쫓아다니며 먹이려 하지 않아도 스스로 찾아 먹습니다.
사랑하는 아이에게 무엇을 어떻게 줄지 고민합니다.
아이가 잘 마시는 흰 우유에 식초를 조금 탔습니다.
수저로 저어 보니 우유 속 단백질이 식초의 유기산을 만나
몽글몽글 결정을 내며 엉켜 붙습니다.
곧 걸쭉한 플레인 요구르트가 되었지요.
하지만 아직 아이들이 좋아하는 맛은 아닙니다.
다시 꿀을 한 스푼 넣습니다.
맛있습니다.
시중의 새콤달콤한 요구르트와 비슷한 맛이 되었습니다.
맛이 있으니 아이가 잘 먹습니다.
이제는 아이 스스로 찾아 먹습니다.

한번은 방과 후 친구들을 데리고 오더니 가장 먼저 냉장고로 달려가
식초에 꿀을 희석해 둔 식초 음료와 우유를 꺼내옵니다.
그리고 직접 친구들에게 식초 요구르트를 만들어 줍니다.
그걸 받아든 친구들도 모두 신기해하며 맛있게 마시더군요.
그렇게 자연발효된 좋은 식초가 들어간 요구르트를 꾸준히 먹던 딸아이는
키가 훌쩍 커서 아빠보다 더 크게 자랐습니다.
식초의 유기산 덕분에 우유의 칼슘 성분이 더 잘 흡수되었기 때문으로 보입니다.
딸아이는 기본 체격을 유지하면서 면역력도 좋아
흔한 감기 한번 걸리지 않고 성장기를 보냈습니다.
건강한 몸의 바탕이 유지되니 집중력 또한 높아져
학업 성취마저 부모의 기대에 부응하였지요.

"아빠, 응가 다했어!"
어릴 적 엉덩이를 닦아주기 위해 달려갔다가
변기 속 엄청난 크기의 바나나를 보고 놀라곤 했지요.
덩치는 주먹만 한 것이 볼일은 동화 속 거인이 본 듯했습니다.
그런데 아이에 비해 덩치가 몇 배나 큰 어른들은 어떤가요?
볼일을 봐도 시원하지 않고 때로 가느다란 실변을 보기도 합니다.
불규칙한 식사, 몸에 좋지 않은 간식, 잦은 음주와 스트레스, 무리한 다이어트……
이러한 것들이 모두 숙변과 변비를 일으키고 장을 힘들게 하는 요인입니다.

요즘 유산균이 장까지 살아가도록 하는 프로바이오틱스 기술이 촉망받고 있지요.
장 건강에 이로운 미생물이 장까지 도달하기 전에
위에서 분비되는 강한 산에 사멸되니 캡슐을 씌워 마신다는 음료도 있습니다.
우유에 식초를 넣어 마시면 장 건강에 여러모로 도움이 됩니다.
식초를 넣으면 우유 단백질이 걸쭉하게 응고되는데
이는 위에서 위산에 의해 일어나는 단백질 응고 작용을 미리 해두는 역할을 합니다.
위장의 일을 일부 진행하여 소화 흡수를 돕고, 칼슘 흡수율을 급격히 높이고,
또 장의 연동운동을 도와 변비와 숙변을 해결해줍니다.

아침에 일어나 우유에 자연발효된 좋은 식초를 1~2스푼 넣어 먹으면
30분 내에 화장실을 찾게 됩니다. 하루를 시작하기 전 장이 깨끗하게 비워지면
장 건강은 물론이고 독소까지 배출하여 몸의 신체 리듬을 더 활기차게 만들 수 있지요.
그저 우유 한 잔을 마시기 전에 식초 한 스푼만 넣어주면 됩니다.
아이들은 꿀에 희석시켜 둔 '꿀 식초'를 넣어 마시게 하고요.
이렇게 쉬운 변화만으로도 우리 몸은 건강해지고 활기찹니다.

김치를 싫어했던 막내딸에게 고기와 김치를 같이 먹을 수 있도록 했습니다.
또 김치를 살짝 볶으면 매운맛도 덜고 아이들 입맛에 맞추기 쉽습니다.
어느 날은 아이와 함께 김치볶음밥을 만들며 칭찬을 합니다.
"우리 지은이는 이것도 먹고 저것도 먹고 다 잘 먹네. 착한 지은이가 되었다고 말씀드려야겠다."
동기를 부여하는 칭찬 한마디에 아이는 이제 스스로 김치를 찾아 먹을 정도로 달라졌습니다.
하루 일과를 마치고 퇴근하여 현관문을 들어설 때 막내가 달려옵니다.
"아빠! 나 오늘 김치 다 먹었다."
세상 무엇과도 바꿀 수 없는 내 보물이
이렇게 커가고 있습니다.

식초 플레인 요구르트

- 우유나 두유 한 컵에 식초를 한 스푼 넣고 골고루 섞습니다.
  이때 단백질이 응고되어 플레인 요구르트처럼 걸쭉해집니다.
  여기에 꿀을 한 스푼 추가하면 시중 요구르트 맛이 부럽지 않은
  달콤하고 새콤한 식초 플레인 요구르트가 만들어집니다.

↳ 식초 플레인 요구르트는 칼슘 흡수를 돕고 장 건강에도 효과가 있어
성장기 아이들에게 좋으며 아이들의 입맛에도 딱 맞습니다.

식초 **PLUS**

꿀 식초 건강법 '식초 버몬트'

미국의 버몬트 지역은 장수하는 이가 많고 성인병 환자가 적은 것으로 유명합니다. 그 비결은 바로 사과식초와 꿀 음료를 마시는 건강법에 있다고 합니다. 여기서 유래한 것이 바로 식초 버몬트입니다.
방법은 간단합니다. 식초와 꿀을 4:6의 비율로 혼합해서 냉장고에 넣어둡니다. 언제라도 물에 희석해 마시거나 우유에 타서 요구르트로 마실 수도 있습니다. 매실 엑기스나 과일 농축액 등에 희석해 마셔도 좋습니다.

1 3/4
1 1/2
1 1/4
Cup
3/4
1/4

No.08

몸의 균형을 찾아주는 식초 디톡스 워터

재주가 하나 있습니다.

많은 세월을 산 것은 아니지만 살다 보니 조금씩 터득한 재주이지요.

바로 스트레스를 극복하는 재주입니다.

지금껏 경험으로 보아 삶에서 가장 큰 스트레스는 사람 사이의 관계에서 오는 것이었습니다.

사람들이 모두 나와 같지 않으니 오해가 생기고 갈등이 일어나며

이해하지 못해 스트레스가 쌓입니다.

단순히 스쳐 지나는 인연이라면 그냥 넘길 수도 있습니다.

하지만 같은 직장에서 일하는 사이나 직속 상사와 부하 직원 관계처럼

계속 마주쳐야 할 관계라면 정말 쉽지가 않지요.

하지만 내게는 상대를 바꿀 힘이 없습니다.

내가 나도 잘 모르겠는데, 남을 어떻게 바꿀 수 있을까요?

그렇다고 세상을 바꿀 힘도 내게 없지요.

이럴 땐 어떻게 해야 할까요? 답은 의외로 단순합니다.

내가 바뀌면 됩니다.

남을 바꿀 수 없고 세상을 바꿀 수 없으니, 단지 나를 바꾸면 됩니다.

내가 상대를 동지로 보니 동지가 되고,
내가 상대를 친구로 보니 친구가 됩니다.
내가 상대를 꽃으로 보니 꽃이 되고,
꽃이 되니 상대에게서 좋은 향기가 납니다.
나만 바뀌면 세상이 바뀌어 보입니다.

맛있는 식사를 하고 나면 속이 더부룩하고 소화가 잘 안된다고 하는 분이 있습니다.
젊을 때는 쇠도 씹어 삼킨다고 하지만 요즘은 다른 것 같습니다.
젊은이들도 덩치만 커졌지 잦은 질병에 시달리는 모습을 봅니다.
특히 만성 소화불량과 변비로 고생하는 젊은이들이 꽤 있습니다.
옛날 우리 아버지, 어머니 세대는 없어서 못 먹는 영양 결핍 시대를 살아왔습니다.
하지만 지금 우리 세대는 영양 과잉 시대에 살고 있습니다.
문제는 넘치는 영양이 한쪽으로 치우쳐 몸의 균형을 잃게 만든다는 점이지요.

우리 몸은 건강을 유지하기 위해 본능적으로 자기 보호 작용을 합니다.
몸 안에 병균이나 독소가 들어오면 이를 방어하기 위해 스스로 항체를 만들고
해독을 유도하고 자체 치유 능력을 향상시킵니다.
하지만 이에도 한계가 있습니다. 한계를 넘어서면 몸 어디선가 신호가 옵니다.
질병의 증상이 나타나고 아픔을 느끼며 정상적인 생활이 어렵고 괴로워집니다.
우리가 먹는 음식이 과잉 공급되면 소화되지 못한 불규칙한 영양분은 독이 됩니다.

부드럽고 달콤하고 기름진 음식은 정말 참을 수 없는 유혹입니다.
없어서 못 먹는 것이 아니라 넘쳐나는데 참으려니 그것이 힘듭니다.
입이 원하는 유혹을 참지 못하고 '이번 한 번만' 이라며 타협하는 순간 몸에는 독소가 쌓입니다.
숙변으로 쌓이고, 소모되지 못한 영양과 칼로리는 내 몸 구석구석을 공격합니다.
소화불량과 비만, 고혈압, 당뇨, 불규칙한 호르몬 분비, 면역력 저하로 이어지고
내 몸의 치유 능력은 급속히 떨어집니다.

'우리가 먹는 것이 우리의 몸이다'라는 말이 있지요.
지금 내가 무엇을 먹고 무엇을 섭취하느냐에 따라 내 몸이 만들어지고 결정됩니다.
그러니 사람의 병은 그 사람 본인이 만든 것이라 해도 무방합니다.
모든 병은 내가 달라져야 고칠 수 있습니다. 내가 바뀌어야 되는 것이지요.
어렵게 생각할 것 없습니다.
지금 나부터 시작하는 겁니다. 식사 후 식초를 섞은 물 한 잔을 마십니다.
이것만으로도 몸에 효자가 따로 없지요. 변화가 시작됩니다.

식사를 하면 위 속으로 한꺼번에 많은 음식물이 들어오는데
이때 음식물 양이 많으면 위액 중 위산 농도가 떨어져 소화불량을 일으킵니다.
소화불량은 간 기능을 약화시킬 뿐만 아니라 장내 미생물 환경에도 나쁜 영향을 미치지요.
식사 후 마시는 식초물 한 잔은 위산 농도를 높이는 효과가 있습니다.
나이가 들어가며 소화 기능이 떨어질 때 식초물 한 잔을 마시면
위장에 보약과 같은 작용을 하지요. 이것이 바로 식초물의 디톡스 역할입니다.
특히 고기나 튀김, 밀가루 음식을 먹은 후, 과음으로 숙취가 심할 때,
감기로 기침이나 가래가 생길 때, 잠을 충분히 잔 후에도 몸이 개운하지 않을 때
더 신경 써서 식초 디톡스 워터를 챙겨 먹도록 합니다.

호미로 막을 것을 가래로도 못 막는다는 말이 있지요. 우리 건강이 그렇습니다.
나중에, 나중에 하고 미루다가 막상 건강을 잃고 나서야 땅을 치고 후회하지요.
지금부터 조금씩 나를 바꾸는 일부터 시작하면 됩니다.
하루 습관을 달리하니 몸의 면역력이 높아지고
설사 병이 찾아와도 몸의 치유 능력이 향상되어 나중의 수고가 덜어집니다.
아프지 않으니 서러울 일이 없으며,
몸이 가벼워지니 병원 갈 일이 없고,
병원비를 아끼니 여가에 투자할 여유가 생기고,
그만큼 삶의 질은 향상됩니다.
내가 달라지니
내 사랑하는 아들과 딸, 부모님도 달라집니다.

2 Cup
1 3/4
1 1/2
1 1/4
3/4
1/4

물처럼 마시는
식초 디톡스 워터

- 식초 디톡스 방법은 아주 간단합니다.
  500ml 생수에 자연발효된 좋은 식초를 소주잔 반 잔 분량(20ml) 넣고 희석합니다.
  20배 이상 옅게 희석되니 신맛이 약하지요. 이것을 평상시 물처럼 마시면 됩니다.
  보통 하루 3병(1,500ml) 정도 마시는 것이 좋습니다.

↳ 처음엔 우선 500ml 한 병 정도로 시작해서 꾸준히 지속적으로 마시는 것이 중요합니다.
그렇게 마시다 보면 나도 모르게 면역력이 향상되고 몸의 회복 능력이 높아지는 것을 느낄 수 있습니다.

TIP

우리 가족 매일매일 디톡스 워터!

나 또한 가장 즐겨 식초를 마시는 방법이 바로 식초 디톡스 워터입니다.
500ml 생수병에 식초를 소주잔으로 반 잔 분량 넣어 희석해 휴대하고 다니며
평상시 물처럼 조금씩 마십니다.
외출하기 전 오늘 하루 마실 물을 작은 병에 담습니다.
'디톡스 워터'는 하루 건강을 챙기는 작은 습관입니다.

PART 3

위험한 밥상에서 건강한 밥상으로, 홈메이드 식초 요리.

하루하루 정신없고 바쁜 생활이지만
내 가족이 먹는 밥상, 건강한 밥상이면 좋겠습니다.

평소 먹던 집밥을 간단하게 건강식으로 바꾸는 방법.
비법은 바로 몸에 좋은 양념인 식초를 충분히 활용하는 데 있습니다.

식초만 바꾸어도
매일 차리던 밥상이 건강 식단으로 바뀝니다.
자연발효식초를 활용하면
품을 많이 들이지 않아도 밥상의 수준이 달라집니다.
나와 내 가족의 건강을 지키는 손쉬운 홈메이드 식초 요리,
누구나 쉽게 따라 할 수 있습니다.

나 혼자 먹더라도 대충 먹지 말고,
하나라도 더 좋은 것을 챙겨 먹으면 좋겠습니다.

No.09

여자를 위한 요리, 샐러드

여자에 대해 생각합니다.
여자의 삶에 대해 생각합니다.
평소 여자의 인생에 대해 중요하게 생각해 본 적이 없었습니다.
사랑하는 여자를 만나 가정을 꾸리고 눈에 넣어도 아프지 않을 딸들을 두다 보니
새삼 진지하게 여자의 삶을 다시 보게 됩니다.

대부분 여자는 자신의 삶보다 주변의 삶을 사는 것 같습니다.
자랄 때는 부모님의 삶을 살고, 결혼하여 남편의 삶을 살며,
새로운 생명을 가져서는 자식의 인생을 삽니다.
존재 이유가 자식을 입히고 먹이고 챙기는 것이 전부인 여자도 봤지요.
밥을 먹을 때도 남편이 있으면 반찬 하나를 더 꺼내고,
자식이 있으면 없던 반찬 하나를 더 만들어 냅니다.
혼자 있을 때면 건너뛰거나 대충 아무렇게나 끼니를 때우기 일쑤입니다.

결혼을 하고 아빠라는 이름을 처음 갖게 해준 아이가 첫째 딸입니다.
그 몇 년 후 태어난 둘째도 딸아이입니다.
생각지도 못했던 하늘의 선물, 늦둥이 막내도 딸입니다.
딸 부잣집, 딸 셋을 둔 아빠로서 생각합니다.
여자 셋의 아빠로서 생각합니다.
내 딸들은 이러면 좋겠습니다.
남편 인생 자식 인생 살지 말고
딸의 인생을 살기를 간절히 소망합니다.
혼자 있다고 대충 먹지 말고 하나라도 더 좋은 것을 챙겨 먹으면 좋겠습니다.
자신을 위해 요리하는 여자가 되면 좋겠습니다.
이 세상에 나는 하나밖에 없는 존재라는 걸 깨닫고,
자신을 더 많이 사랑했으면 좋겠습니다.

오늘은 나를 위해 요리를 해보세요.
부족한 비타민도 보충하고 지금껏 고생한 장을 위해 식이섬유도 챙깁니다.
바로 채소 샐러드입니다.
싱싱한 채소나 과일을 씻어 좋은 식초로 만든 드레싱을 뿌려 버무려만 주어도
식탁은 풍성하고 건강해집니다.

들기름 넣은 오일 드레싱

들기름 3큰술, **식초** 4큰술, **설탕** 2큰술, **양파** 1/4개
다진 마늘 1/2큰술, **소금** 1작은술, **후추가루** 1작은술

1 곱게 다진 양파에 식초, 설탕, 다진 마늘, 소금, 후추가루를 넣고 골고루 섞습니다.

2 마지막에 들기름을 넣어줍니다. 오일 드레싱 소스 완성입니다.

활용법

오일 드레싱은 이탈리안 드레싱의 한 종류로 보통 올리브 오일을 많이 사용합니다.
그러나 국내에서 생산되는 들기름도 훌륭한 드레싱 재료가 됩니다.
먼 나라에서 먼 길을 오지 않아 더 건강한 식재료이지요.
오일 드레싱은 각종 해물과 육류에 잘 어울리며 빵에 이용해도 좋습니다.
남은 식빵을 살짝 구워 그 위에 오일 드레싱을 살짝 뿌리면 그 맛이 일품이지요.

한식과 잘 어울리는 간장 드레싱

간장 2큰술, **식초** 2큰술, **설탕** 1큰술
양파 1/4개, **마늘** 1쪽, **청양고추** 1/4개, **참기름** 1큰술

1 양파와 마늘은 얇게 채 썰어 곱게 다집니다. 청양고추도 얇게 채 썰어 준비합니다.

2 설탕과 식초, 간장을 한데 섞고 설탕이 완전히 녹은 후 참기름을 넣습니다.

3 마지막에 준비된 양파와 마늘, 청양고추를 추가하여 골고루 섞어 완성합니다.

활용법

간장 드레싱은 간장을 기본으로 한 새콤한 맛의 드레싱으로 우리 한식과 잘 어울립니다.
특히 생선 튀김 위에 바로 뿌려 먹거나 두부 부침, 닭가슴살 샐러드에도 활용하면 좋습니다.

새콤달콤 파인애플 드레싱

파인애플 1조각(100g), **양파** 1/4개, **식초** 3큰술, **벌꿀** 2큰술
포도씨유 3큰술, **소금** 2작은술

1 양파는 채 썰어 찬물에 10분가량 담가 아린 맛을 제거하고 물기를 빼줍니다.

2 파인애플과 썰어 둔 양파를 믹서로 곱게 갑니다.
여기에 식초, 벌꿀, 소금을 넣고 골고루 섞습니다.

3 마지막에 포도씨유를 추가하여 과일 드레싱 소스를 완성합니다.

활용법

드레싱에 사용되는 과일은 파인애플뿐만 아니라 어떤 과일을 사용해도 좋습니다.
보통 곱게 갈아 사용하지만 과육이 씹히도록 작게 다져 사용하기도 합니다.
과일 드레싱의 새콤달콤한 맛은 스테이크나 해물 요리에 잘 어울리며,
특히 바삭한 튀김 요리에도 잘 어우러집니다.
오일은 국산 들기름을 사용해도 되고 단맛을 내기 위한 벌꿀은
설탕이나 시럽 등으로 대체 가능하니 집에 있는 재료를 최대한 활용합니다.

상큼하고 바삭한
크루통 샐러드

크루통이란 식빵 조각을 오븐이나 팬에 구워 만든 것으로 간단한 식사 대용으로도 좋으며
샐러드에 활용하면 상큼한 맛과 바삭한 느낌을 동시에 즐길 수 있습니다.
남는 식빵을 이용해 바삭한 크루통 샐러드를 만들어 봅니다.

통식빵 1개
양상추 4장
셀러리 1줄기
오이 1/4개
방울토마토 3개
올리브유 2큰술
다진 마늘 1/4작은술
파슬리 가루 1/2작은술

오일 드레싱
>072쪽 참조

1. 통식빵은 사방 1cm 크기로 깍둑썰기를 한 후 올리브유, 다진 마늘, 파슬리 가루를 넣고 골고루 버무립니다.
2. 달궈진 팬에 올리브유를 넣고 식빵을 타지 않게 구워 크루통을 만듭니다.
3. 양상추는 찬물에 씻어 물기를 뺀 후 한입 크기로 뜯어 준비합니다.
4. 셀러리는 뿌리를 자르고 겉껍질을 얇게 벗긴 뒤 어슷하게 썰고, 오이는 다듬은 뒤 슬라이스하여 식빵보다 작게 썰고, 방울토마토는 깨끗하게 씻은 후 반으로 잘라 준비합니다.
5. 준비된 접시에 크루통과 양상추, 셀러리, 오이, 방울토마토를 담고 마지막으로 오일 드레싱을 골고루 뿌려 버무립니다.

영양 만점
닭가슴살 샐러드

닭가슴살은 지방이 적고 단백질 함량이 높아 대표적인 다이어트 식품으로 꼽힙니다.
칼로리가 높지 않고 필수 아미노산이 풍부해 누구나 먹어도 좋은 영양 식품이기도 하지요.
신선한 채소와 새콤한 드레싱을 곁들인 닭가슴살 샐러드는 닭가슴살의 퍽퍽한 식감을 줄여주고
양질의 단백질 섭취는 물론 채소의 비타민까지 같이 섭취할 수 있어
훌륭한 한 끼 식사로 손색이 없습니다.

닭가슴살 1쪽(100g)
대파 흰 뿌리 부분 3cm
청주 3큰술
물 2컵(400ml)
어린잎 채소 50g
양상추 5장
적채 100g

간장 드레싱
>072쪽 참조

1 물 2컵에 대파, 청주를 넣고 팔팔 끓인 뒤
닭가슴살을 넣고 20분가량 삶습니다.

↳ 대파와 청주를 넣고 끓이는 이유는 닭가슴살의 잡냄새를 없애기 위해서입니다.
이 과정이 번거로울 경우 가공된 순 닭가슴살 캔을 사용해도 됩니다.

2 삶은 닭가슴살은 식힌 후 먹기 좋게 결대로 찢어줍니다.

3 어린잎 채소는 흐르는 물에 헹군 후 체에 밭쳐 물기를 빼고
양상추는 찬물에 씻어 물기를 뺀 후 한입 크기로 뜯어
준비합니다. 적채는 얇게 채 썰어 준비합니다.

4 준비된 접시에 닭가슴살과 어린잎 채소, 양상추, 적채를
골고루 담은 후 마지막으로 간장 드레싱을 골고루 뿌려냅니다.

과일 드레싱 얹은 연어 샐러드

연어는 비타민 A와 D가 풍부하고, 특히 불포화 지방산인 오메가-3가 많아
콜레스테롤 수치를 낮추고 피부 미용에 좋은 건강식품입니다.
단백질과 지방이 풍부하고 DHA가 많이 들어 있어 성장기 아이들의 뇌 발달에도 좋습니다.
나를 위해, 또 아이들을 위해 오늘은 연어 샐러드를 준비해도 좋겠습니다.

훈제연어 200g
케이퍼 2작은술
식초 1큰술
설탕 1/2큰술
양상추 4장
어린잎 채소 50g
양파 1/2개

과일(파인애플) **드레싱**
>073쪽 참조

1. 케이퍼 2작은술을 잘게 다진 후 식초와 설탕을 넣고 골고루 섞어 케이퍼 소스를 만듭니다.
2. 연어의 비린 맛을 없애고 촉촉한 식감을 위해 넓은 접시에 연어를 펼쳐 놓고 케이퍼 소스를 뿌려 10분가량 재어 둡니다.
3. 양파 1/2개는 채 썰어 찬물에 10분가량 담가 아린 맛을 제거합니다.
4. 어린잎 채소는 흐르는 물에 헹군 후 체에 받쳐 물기를 빼고 양상추는 찬물에 씻어 물기를 제거한 후 한입 크기로 뜯어 준비합니다.
5. 준비된 접시에 양상추를 담고 물기를 제거한 양파와 어린잎 채소, 케이퍼 소스에 잰 연어를 올린 후 마지막으로 과일 드레싱을 골고루 뿌려 냅니다.

시원한 맛
콜라비 피클

콜라비는 비타민C가 풍부하고 섬유질 함량이 높아 다이어트와 변비에 탁월한 효과가 있는 채소입니다.
달달하고 아삭한 식감이 좋아 그냥 과일처럼 깎아 먹어도 맛있지요.
어릴 적 즐겨 먹던 배추 뿌리 맛과 비슷하지만 매운맛은 약하고 수분은 많아 더 시원한 맛이 있습니다.
피클 재료로 더할 나위 없이 좋지요.

콜라비 2개
생수 2컵
식초 1컵
설탕 1컵
소금 1작은술
다시마 2×2cm 1장

1 큰 볼에 생수를 붓고 식초와 설탕, 소금을 분량만큼 넣은 후
모든 재료가 골고루 섞일 수 있도록 저어 피클물을 만듭니다.

2 피클 용기로 사용할 입구가 넓은 유리병에
가로 2cm, 세로 2cm 크기의 다시마 1장을 넣습니다.

↳ 다시마는 감칠맛을 더하기 위해 추가합니다.

3 용기에 콜라비를 먹기 좋게 썰어 넣습니다.
이때 손으로 눌러 콜라비가 촘촘하게 쌓이도록 합니다.

4 콜라비를 넣은 용기에 피클물을 붓는데
반드시 콜라비가 피클물에 잠기도록 합니다.

5 냉장고에 넣어 삼 일 동안 숙성 과정을 거치면
새콤달콤한 콜라비 피클이 완성됩니다.

TIP
반드시 냉장 보관해야 하며 냉장 보관 시 한 달까지 두고 먹을 수 있습니다.
보존 기간을 늘리려면 피클물을 끓였다가 부어주면 됩니다.

바삭바삭 기름에 튀긴 치킨에 아삭한 절임무가 없는 것은 상상하기 어렵습니다.
치킨을 주문하면 함께 나오는 치킨 무는 서로 불가분의 관계이지요.
하지만 아이가 치킨을 먹으며 절임 무 먹는 모습을 보고 있자면 내심 불편합니다.
빙초산이나 시중 합성식초로 만든 절임 무가 분명하기 때문이지요.
내 아이가 국물까지 마실 수 있는 치킨 무, 그리 어렵지 않게 만들 수 있습니다.
만들어두면 치킨을 먹을 때만이 아니라 밑반찬으로도 활용할 수 있고
고기나 튀김, 매운 음식을 먹을 때 곁들임 찬으로도 요긴하지요.

집에서 직접 만드는
치킨 무

무 1개
생수 2컵
식초 1컵
설탕 1컵
소금 1작은술

1 준비된 무는 깨끗이 씻어 껍질을 벗겨내고 1.5cm크기로 깍둑썰기를 합니다.

↘ 사진처럼 예쁘게 꽃 모양을 내도 좋습니다.

2 냄비에 생수 2컵을 붓고 설탕 1컵과 소금 1작은술을 넣어 설탕과 소금이 녹을 때까지 끓여줍니다.

3 물이 끓어오르면 식초를 1컵 붓고 다시 끓어오르면 불을 끕니다.

4 깨끗이 소독된 유리병에 무를 넣고 피클물이 뜨거운 상태에서 바로 부어줍니다. 무가 피클물에 잠기도록 합니다.

↘ 피클 배합식초를 끓여서 뜨거운 상태로 부으면 무가 쪼그라들지 않고 아삭한 식감을 유지할 수 있습니다.

5 그 상태로 밀폐하여 그늘진 곳에 하루 동안 두고 다음날 냉장고에 이틀 동안 보관하여 숙성시키면 맛있는 치킨 무가 완성됩니다.

TIP

치킨 무를 만들어 바로 먹고 싶다면
처음부터 물과 식초, 설탕, 소금을 녹인 피클물에 무를 넣어 같이 끓입니다.
한소끔 끓어오르면 그때 불을 끄고 빠르게 식힙니다.
숙성할 필요없이 바로 치킨 무를 먹을 수 있습니다.

No.11

인생을 닮은 양념, 초장

그리 긴 세월을 살아온 것은 아니지만
인생은 자기가 계획하고 생각한 대로 살아가기가 쉽지 않은 듯합니다.
미리 계획하고 준비하며 정성을 들여도 결과는 처음 계획한 것에서 조금씩은 어긋나 있습니다.
철저하게 준비했다고 생각했지만 지나보니 실수투성이인 것이 한둘이 아니지요.
세상에 완벽한 것은 없다는 것을 알면서도 작은 실수와 실패에 마음이 크게 흔들립니다.
바라는 것이 준비한 것에 비해 많으니 바라는 만큼 되지 않지요.
남녀 간의 사랑이든 자녀에 대한 사랑이든 사업상의 일이든
또는 내가 바라던 또 다른 목표이든 말이지요.
60을 해 놓고 100을 바라는 것이 아닌지 생각해 봅니다.
80을 해놓고 100을 바라는 것이 아닌지 생각해 봅니다.

60을 하면 60만큼 얻을 수 있고
80을 하면 80만큼 얻을 수 있으며
100을 하면 100만큼 얻을 수 있는 것이 세상의 이치라 봅니다.
내가 세웠던 계획에서 60만큼 해 놓고 100을 바랐던 것 같습니다.
내가 바라던 것에 80만큼 해 놓고 100이 되지 않으니 실망을 하지요.
사실 지금껏 느꼈던 성공의 기쁨은 100을 하고 100을 바라서 이루어진 것입니다.

미래는 결정되지 않았으니 나는 현재 결정되지 않은 삶을 살고 있다고 볼 수 있습니다.
지금 내가 얼마나, 어떻게 움직이느냐에 따라 달라진 삶을 살 수 있겠지요.
최선을 다했다고 생각했지만 하늘이 바라는 100을 다하지 못해 힘들 때가 있습니다.
힘들 땐 잠시 쉬었다 가는 것도 하늘의 뜻입니다.
쉬면서 소주 한 잔을 합니다.
푸른 바다를 바라보며 소주 한 잔을 합니다.
갓 잡은 해산물을 초고추장에 찍어 입에 넣으니
쓰디쓴 소주도 달콤해집니다.

환절기 건강 챙기는
도라지 초무침

요즘같이 미세먼지와 황사가 심한 때면 도라지 초무침이 생각납니다. 도라지는 호흡기에 좋은 식품이지요.
기관지 염증 제거뿐 아니라 해열, 진통, 소염 작용도 하며, 혈당과 콜레스테롤을 낮추는 효과도 있습니다.
환절기나 추운 겨울날엔 기침감기 예방으로 도라지를 달여 먹기도 합니다.
하지만 가장 좋은 방법은 일상으로 먹는 식사에 함께 곁들여 섭취하는 것이겠지요.
새콤하고 매콤 쌉싸름한 도라지 초무침 하나면 한 끼 식사는 문제없지요.

도라지 400g
굵은소금 1작은술
쪽파 20g
통깨 1작은술

양념장
고추장 5큰술
고춧가루 1큰술
식초 5큰술
다진 마늘 1큰술
설탕 5큰술

1 도라지는 잔뿌리를 제거한 뒤 껍질을 살살 벗겨 먹기 좋은 길이로 채 썰어 줍니다.

2 채 썬 도라지에 굵은소금을 뿌리고 주물러 도라지의 쓴맛을 제거합니다.

3 쓴맛이 제거된 도라지를 깨끗한 물에 헹구고 체에 밭쳐 물기를 제거합니다.

4 쪽파는 깨끗이 씻고 물기를 제거한 후 얇게 채 썰어 둡니다.

5 작은 볼에 양념장 재료를 넣고 섞어 양념장을 준비합니다.

↳ 도라지 초무침을 할 때 고추장만으로 무치면 물기가 많이 나와 고춧가루를 사용하였습니다.

6 준비된 양념장에 도라지와 얇게 채 썬 쪽파를 같이 넣고 골고루 버무린 후 마지막에 통깨를 뿌려 도라지 초무침을 완성합니다.

↳ 초록색의 쪽파는 초무침의 풍미를 살리며 색의 조화를 이룹니다.

입맛 없는 날 새콤달콤한 먹을거리가 당기는 날이 있습니다.
이때 잘 익은 김치와 함께 비벼 먹는 비빔국수만 한 것이 없지요.
삼겹살이나 고기 종류와 같이 먹어도 꿀맛입니다.

특별한 맛이 당길 때
비빔국수

소면 200g
김치 50g
통깨 1작은술

양념장
고추장 2큰술
고춧가루 1/2큰술
다진 마늘 1/2큰술
설탕 2큰술
식초 2큰술

1 비빔국수에 들어갈 김치는 채 썰듯이 적당히 잘라 놓습니다.

2 작은 볼에 양념장 재료를 넣고 섞어 양념장을 준비합니다.

3 양념장이 준비되면 소면을 삶습니다.
물은 소면이 충분히 잠길 수 있도록 넉넉히 준비합니다.

↳ 양념장을 먼저 준비한 후 소면을 삶아야 면이 불지 않게 먹을 수 있습니다.

물이 끓으면 소면을 넣고 3분간 삶습니다.
중간에 물이 끓어오르면 찬물을 1/2컵 부어줍니다.
그리고 다시 끓어오르면 찬물을 다시 1/2컵 부어줍니다.
이렇게 2분간 더 끓인 후 찬물에 두 차례 헹궈 소면의 전분을
씻어주면 면발이 탱글탱글하고 서로 붙지 않습니다.

4 찬물에 헹군 소면은 체에 밭쳐 물기를 제거한 뒤
그릇이나 쟁반에 담습니다.

5 그릇에 담은 소면 위에 채 썬 김치와 준비된 양념장을 얹어
골고루 버무린 후 마지막에 통깨를 뿌려
맛있는 비빔국수를 완성합니다.

↳ 고명으로 채 썬 오이와 삶은 달걀을 올려도 좋습니다.

새콤달콤 **초고추장** 만들기

찹쌀고추장 : 식초 : 설탕을 **2 : 1 : 1** 비율로 준비, **다진 마늘**

1 식초에 설탕을 넣고 녹입니다.
여기에 고추장을 넣어 골고루 섞습니다.

2 고추장은 찹쌀고추장이 감칠맛이 높아 추천합니다.
이렇게 고추장 2 : 식초 1 : 설탕 1 만으로도 초고추장이 완성됩니다.

3 여기에 다진 마늘을 1/2 분량 넣으면
마늘의 알싸한 맛이 더해진 초고추장이 됩니다.
취향에 따라 다진 마늘 대신 생강을 갈아 넣어도 좋습니다.
마지막에 통깨를 살짝 뿌리면 뒷맛이 고소한 초고추장이 완성됩니다.

활용법

이렇게 만들어 둔 초고추장은 각종 숙회에 찍어 먹거나 무침, 비빔국수 등에 그대로 활용해도 좋습니다.
밥 위에 채소를 채 썰어 담은 후 초고추장을 얹어 비빔밥으로 먹으면
섬유질 많은 각종 채소의 소화 흡수에도 도움이 됩니다.

TIP

물기가 많은 재료의 무침에 사용할 경우 고추장을 조금 줄이는 대신 고춧가루를 넣어도 좋습니다.
고춧가루 1/2, 고추장 1과 1/2, 식초 1, 설탕 1, 다진 마늘 1/2의 비율로 하여
고춧가루를 일부 사용하면 질퍽한 느낌을 없앨 수 있습니다.
고춧가루는 고운 고춧가루와 굵은 고춧가루를 같이 섞어 사용하고,
취향에 따라 매운 고춧가루를 일부 섞어 사용해 매운맛을 조절하면
다양한 맛의 초고추장을 즐길 수 있습니다.

진간장:**식초**를 **1:1** 비율로 준비, **청양고추**, **참기름**

1 진간장과 식초를 1:1로 섞습니다.

2 칼칼한 맛을 내는 청양고추를 어슷하게 썰어 같이 넣어줍니다.
고춧가루보다는 청양고추가 깔끔한 맛을 낼 수 있어 좋습니다.

3 마지막에 참기름을 몇 방울 떨어뜨리면
고소한 향이 더해진 만능 초간장 완성입니다.

활용법

초간장은 각종 튀김과 부침, 전 등에 두루 사용할 수 있습니다.
탕수육에서부터 호박전, 부추전, 감자전, 배추전 등
어떠한 요리도 초간장과 함께 내놓으면 안성맞춤이지요.

식초 **PLUS**

**맥주 + 물만두 궁합,
초간장으로 딱!**

팔팔 끓인 물에 냉동 물만두를 넣습니다. 1~2분이 지나 물만두가 물 위로 떠오르면 쫀득함을 위해 찬물을 1/2컵 부어줍니다. 다시 끓어오르면 체로 건져 찬물에 헹궈 물기를 제거한 후 접시에 담습니다.
초간장을 찍어 먹으면 훌륭한 간식거리이자 맥주 안주 완성입니다.

하루 일과를 마친 후 시원한 맥주 한잔에 물만두 안주는 어떨까요?
맥주와 물만두의 조합이 어색하다고요?
초간장이 있으면 궁합이 딱 들어맞습니다.

No.12

지친 남자를 위한 요리, 장아찌

가장 소중한 것은 늘 가까이에 있습니다.
가장 소중한 것은 느끼지 못하지요.
가장 소중한 것은 내가 아주 당연하다고 느끼는 것에 있습니다.
가장 소중한 것이 비워지고 사라진 후에 깨닫습니다.
항상 내 옆에 가까이 있으면서 느끼지도 못하고 아주 당연하게 여겼던 것이
가장 소중한 것이었다는 것을 알게 됩니다.

항상 술만 먹고 늦게 들어오는 남편이 있습니다.
가족은 염두에도 없는 듯 항상 피곤에 절고 술에 취해 들어오는 남편을 보며
아내는 원망합니다.
조금 일찍 들어와서 아이들과 놀아주면 좋겠고,
조금 더 다정하게 집안일에 관심을 가져주길 바라지만,
내 맘처럼 따라 주지 않는 남편이 왜 이리 밉게 보이는지요.
그러던 어느 날 시간이 한참 지나도록 남편이 들어오지 않습니다.
술을 마셔도 12시 전에는 꼭 들어오던 사람이 1시가 되고 2시가 되도록 기척이 없습니다.
전화기는 꺼져 있고, 그제야 조금씩 걱정이 되기 시작하지요.
원망도 잠시, 끊임없이 늘어지는 시계와 현관문만 쳐다봅니다.
불길하게 이상한 상상이 들기도 하고 한창 자라는 아이들도 생각납니다.
한 집안의 가장으로서,
아이들의 아빠로서,
한 여자의 남편으로서,
그의 빈자리가 엄청난 파도가 되어 다가오기 시작합니다.
한참을 가위에 눌리다 눈을 뜨니 모두 꿈입니다.
이렇게 다행이 아닐 수 없습니다.

늘 원수 같던 남편, 미워 죽을 것 같던 남편이었는데,
오늘은 왠지 귀하게 보입니다.
미워하던 마음이 괜히 미안해져 오늘은 반찬거리를 하나 더 준비합니다.
이런 날 남자한테 좋다는 부추 장아찌를 만들어 보는 것도 괜찮겠지요.

식초 PLUS

임금님도 입맛 없을 땐 장아찌

장아찌는 채소를 소금이나 간장, 식초 등에 절여 숙성시켜 먹는 음식입니다.
주로 제철에 많이 나는 채소류를 간장, 된장, 고추장, 식초 등에 넣어
오랜 시간 두고 삭혀 먹는, 우리나라의 대표적인 저장 음식이지요.
온갖 산해진미를 먹었을 임금님도 입맛 없을 때면 장아찌를 찾았다고 합니다.
따로 반찬이 많지 않아도 장아찌 한두 가지만 있으면 밥 한 그릇 뚝딱이지요.

- 예전에는 장아찌를 오래 보존하기 위해 절임장을 끓였다가 붓고 끓였다가 붓고 하는 작업을 반복하기도 했습니다. 하지만 냉장 보관하면 절임장을 반드시 끓일 필요가 없습니다.
- 장아찌는 싱싱하고 건강한 채소와 좋은 식초를 함께 먹을 수 있는 훌륭한 방법입니다. 만들기에 크게 어려운 것이 없으니 그때그때 조금씩 만들어 먹으면 좋습니다.

장아찌 **초절임물** 만들기

진간장 : 식초 : 설탕 : 생수를 **1 : 1 : 1 : 0.5** 비율로 준비

1 진간장 1, 식초 1, 설탕 1, 물 0.5의 비율로 장아찌 절임장을 준비합니다.

2 한데 섞어 설탕이 모두 녹으면 그 물을 장아찌 재료 위에 부어줍니다.
이때 장아찌 재료가 장아찌 물에 잠기도록 해야 합니다.
누름판 등을 이용해도 좋습니다.

3 이틀 이상 삭힌 후 드시면 됩니다. 정말 쉽지요?

TIP

육수를 활용해 장아찌 만들기

장아찌에 일반 생수가 아닌 육수를 사용하면 더욱 감칠맛 나는 장아찌를 만들 수 있습니다.
물 1L에 다시마 7×7cm 1장, 무 30g, 양파 1/3개, 대파 1뿌리, 마른 표고버섯 1개를 넣고
팔팔 끓이다가 물이 끓어오르면 다시마는 건져내고 다시 20분 정도 더 끓여
건더기를 건져내고 국물만 사용합니다. 이렇게 만들어 놓은 국물을 생수 대용으로 사용하여
장아찌를 만들면 감칠맛과 풍미를 더한 장아찌를 먹을 수 있습니다.

설탕 대체 감미료 활용

꿀 장아찌 단맛의 대체 감미료로 사용할 수 있으며 설탕에 비해 단맛이 90% 정도로 약해
설탕 사용 비율보다 10~20% 정도 더 사용해야 합니다.
다만 꿀의 향이 강해 자칫 원재료의 고유한 풍미를 해칠 수 있습니다.

올리고당 칼로리가 낮고 식이섬유가 풍부한 단맛을 낼 수 있습니다.
단 설탕에 비해 단맛이 60% 정도로 약해 설탕 사용 비율보다 80% 정도 더 사용해야 합니다.
그만큼 단맛을 내기 위해서는 많은 양의 올리고당이 필요하겠지요.

물엿이나 조청 볶음이나 조림의 윤기를 더해주는 요리에 많이 활용되는 물엿이나 조청은
설탕 단맛 60~70% 정도로 맛이 무거운 편입니다.
단맛을 내기 위해서는 올리고당과 비슷한 양을 사용해야 합니다.

스태미나에 좋은 부추 장아찌

부추는 간과 장의 기능을 강화하고 해독 작용을 한다고 알려져 있습니다.
설사나 복통이 있을 때에도 좋으며,
혈액순환과 지혈 작용을 해 출혈성 질환이나 신경 안정에도 효과가 있습니다.
부추 장아찌는 기름지고 느끼한 육류 요리와 궁합이 잘 맞습니다.
스태미나 식품으로 장어나 소고기 등에 곁들여 먹으면 음식의 균형을 맞춰주니 더 좋겠지요.

부추 1단(1kg)
진간장 2컵
식초 2컵
설탕 2컵
생수 1컵

1. 진간장 2컵, 식초 2컵 , 설탕 2컵, 생수 1컵을 넣고 장아찌물을 만듭니다. 이때 장아찌물은 부추의 양과 동일하거나 조금 더 많게 준비하면 적당합니다.
2. 시들지 않고 싱싱한 부추를 골라 깨끗이 씻습니다. 이때 부추들이 서로 엉키지 않도록 결대로 씻어줍니다.
3. 물기를 털어내고 절임용기에 부추를 넣은 후 장아찌물을 잠길 듯 부어줍니다. 하루만 지나도 숨이 죽으니 처음에는 누름판으로 눌러 부추가 장아찌물에 잠기도록 합니다.
4. 냉장고에 이틀 이상 두고 삭힌 후 먹으면 됩니다. 먹을 때에는 부추를 먹기 좋게 잘라주면 됩니다.

당귀는 여자를 위한 약재라고 합니다.
옛 설화에 '몸이 허약해 시집에서 내쫓긴 여성이 친정으로 돌아와 슬픔을 곱씹으며 당귀를 먹은 후
몰라보게 건강해져 시집으로 당당히 되돌아갔다'는 이야기가 전해 내려옵니다.
이 설화는 당귀의 뛰어난 효능을 잘 보여주지요.
당귀는 여성의 몸을 따뜻하게 해주며 혈(血)이 부족하고 잘 돌지 않을 때
혈액순환을 좋게 하고 간 기능 개선에 탁월한 효능이 있는 것으로 알려져 있습니다.
기력 회복에 큰 도움을 주는 약재로 예로부터 강장의 목적으로도 사용되었지요.

여자 몸에 좋은
당귀 장아찌

당귀잎 1단(1kg)
진간장 2컵
식초 2컵
설탕 2컵
생수 1컵

1 진간장 2컵, 식초 2컵, 설탕 2컵, 생수 1컵을 넣어
장아찌물을 만듭니다. 이때 장아찌물은 당귀잎의 양과
동일하거나 조금 더 많게 준비하면 적당합니다.

2 시들지 않고 싱싱한 당귀를 고른 후
아래쪽의 억센 줄기가 있는 부분은 잘라내고
부드러운 잎 부분만 선별하여 깨끗이 씻습니다.
이때 잎들이 서로 엉키지 않도록 결대로 씻어줍니다.

3 물기를 털어내고 절임 용기에 당귀잎을 넣은 후
장아찌 물을 잠길 듯 부어줍니다.
하루만 지나도 숨이 죽으니 처음에는 누름판으로 눌러
당귀잎이 장아찌물에 잠기도록 합니다.

4 냉장고에 이틀 이상 두고 삭힌 후 먹으면 됩니다.
먹을 때에는 당귀잎을 먹기 좋게 잘라 내놓습니다.

TIP

제철 채소의 무한 변신

부지깽이, 명이, 두릅, 당귀, 방풍나물……. 예전에는 제철이 아니면
먹을 수 없는 채소들을 저장해서 먹기 위해 장아찌를 담갔습니다.
채소가 흔한 요즘 장아찌는 저장 식품이라기보다 별미 음식에 가깝지요.
우리가 흔히 먹는 상추나 쑥갓 같은 연한 잎채소도 장아찌가 가능합니다.
텃밭 농사를 지어 여름철 상추나 쑥갓 같은 채소의 수확 양이 많다면
장아찌로 만들어 먹어보세요.
몸에 좋은 식초와 함께 섭취할 수 있는 여름 별미 반찬입니다.

쫄깃한 밥도둑
느타리버섯 장아찌

느타리버섯 1kg
진간장 1컵 반
식초 1컵 반
설탕 1컵 반
육수 1컵 반

육수
물 1컵 반(300ml)
다시마 3×3cm 1장
무 10g
양파 1조각
대파 1/2뿌리
마른 표고버섯 1/2개

1 시들지 않고 싱싱한 느타리버섯을 골라 깨끗이 씻습니다.

2 깨끗이 씻은 버섯을 채반에 올려 물기를 빼고
햇볕에서 하루 정도 건조시킵니다.

↳ 느타리버섯을 비롯한 생버섯 종류를 이용해 장아찌를 만들 때에는
버섯을 햇볕에 하루 정도 말려 사용하면 쫄깃한 식감을 더 잘 느낄 수 있습니다.

3 물 1컵 반 분량에 육수 재료를 넣고 끓이다가
팔팔 끓어오르면 다시마는 건져내고 다시 20분 정도
더 끓인 후 건더기를 건져내 장아찌용 국물을 1컵 반을 만듭니다.

↳ 국물을 만드는 과정이 복잡하다면 일반 생수를 사용해도 됩니다.

4 여기에 진간장 1컵 반, 설탕 1컵 반을 넣고 끓기 시작하면
마지막에 식초 1컵 반을 추가합니다.
끓기 시작하면 불을 끕니다.

5 하루 동안 햇볕에 말린 느타리버섯을 절임용기에 넣은 후
장아찌물이 뜨거운 상태로 부어줍니다.

↳ 버섯 장아찌의 경우 알레르기 반응이 있을 수 있어 일반 장아찌와 달리
장아찌 물을 끓여 붓습니다.

6 그늘진 곳에 실온으로 하루 두었다가
다음날 냉장고에 보관합니다.
쫄깃한 식감의 버섯 장아찌를 맛볼 수 있습니다.

느타리버섯은 식이섬유가 많고 칼로리가 낮아 다이어트뿐 아니라 변비에 좋고
항산화 성분이 풍부해 피부 노화 방지에도 이롭습니다.
느타리버섯에 들어있는 베타글루칸 성분은 천연 방어 물질인 인터페론을 만들어 내는데,
이는 면역 증강 작용 및 항암 작용을 하는 것으로 알려져 있습니다.
느타리버섯의 쫄깃한 식감은 밥도둑 반찬으로 더할 나위 없지요.
새송이버섯이나 표고버섯, 만송이버섯 등 다양한 버섯으로도 장아찌를 만들 수 있습니다.
다만 표고버섯의 경우 대가 질겨 갓만 사용하는 것이 좋습니다.

식초 PLUS

장조림에 식초 한 큰술?
나트륨 섭취 낮추는 건강 장조림

소고기 장조림이나 달걀 장조림 같은 장조림류는 어른 아이 할 것 없이 모두 좋아해 밑반찬으로 자주 활용하는 반찬입니다. 간장에 조려 만드는 장조림은 짭조름한 맛이 매력이지만 염분 섭취가 걱정인 것도 사실이지요.
장조림을 할 때 식초를 한 큰술 넣으면 염분 섭취도 줄이고 색다른 맛을 낼 수 있습니다. 이름하여 '식초 간장 장조림'.
간장 사용을 줄여 나트륨 과다 섭취를 막고 육류의 쫄깃한 맛과 식초 간장의 새콤하면서도 짭조름한 맛이 어우러져 새로운 밥도둑 반찬이 됩니다.
식초 간장 장조림은 평소 일반 장조림보다 간장을 조금 적게 넣고 조리한 후 마지막에 불을 끄고 식초를 한 큰술 넣으면 됩니다.

No.13

감사의 마음을 담은 초밥

인생의 반 바퀴를 돌아 나오며 삶이란 무엇인가 생각해 봅니다.
살아온 날보다 살아갈 날이 짧아지면서 행복하게 살고 싶다는 욕망이 강해집니다.
행복은 지금 내가 가진 것에 고맙고 감사한 마음을 가질 때 생겨난다고 합니다.
가지지 못한 것을 가지려고 애쓰기보다 현재 내가 가진 것과
일어나는 모든 일에 감사하는 마음을 가져야 행복에 한층 다가가겠지요.
내가 가진 것과 일어나는 모든 일에 감사한 마음을 가지려 노력하고 있습니다.

월요일 아침 5분만 더 잤으면 좋겠지만 일어나 출근할 일터가 있다는 것에 감사합니다.
피곤한 하루 일과를 마치고 돌아가 내 몸 하나 편히 쉴 작은 집이 있다는 것에 감사합니다.
아무것도 아닌 일에 쉽게 소리 지르고 우는 중2 사춘기 둘째가 건강하니 감사합니다.
작은 고민에도 전화하여 하소연할 수 있는 친구가 있다는 것에 감사합니다.
많은 돈을 벌지 못하지만 나와 식구들이 먹고 살아가는 것에 감사합니다.
맛있는 음식을 혼자 먹게 되면 생각나는 가족이 있어 감사합니다.
중년이 지난 다 큰 아들에게도 잔소리 해주시는 어머니가 곁에 있어 감사합니다.
내 주변의 모든 것이
감사한 것과 감사한 일로 가득 차 있습니다.

초밥을 유달리 좋아하여 가끔 생선초밥을 만들어 먹습니다.
어느 날 문득 생선초밥이 먹고 싶은데 생선은 없고 장을 보러 가자니 귀찮아
생선초밥 대신 쌈초밥을 만들어 보았습니다.
집에 있는 쌈 재료로 간단하게 쌈초밥을 만들어 한입 베어 물고 난 후
초밥용 횟감이 집에 없다는 것에 감사했지요.
덕분에 다양한 재료로 만든 새로운 초밥의 세계로 들어설 수 있었습니다.

초밥용 **단촛물** 만들기

초밥 만들기는 생각보다 복잡하지도, 거창하지도 않습니다.
밥에 식초를 뿌려 어우러지게 잘 섞으면 그것이 초밥입니다.
여기에 집에 있는 재료나, 특별한 재료를 추가하면 다양한 초밥을 즐길 수 있지요.
초밥을 만들 때 무엇보다 가장 기본이 되는 것은 바로 밥에 넣어 섞을
단촛물, 배합식초 준비입니다. 초밥용 단촛물의 식초는 향이 강한 과일식초보다
초밥의 풍미를 해치지 않는 부드러운 곡물식초를 권합니다.
단맛이 싫으면 설탕의 양을 조절하면 됩니다.

식초(자연발효식초) 2컵 반, **설탕** 6큰술, **소금** 1큰술, **다시마** 7×7cm 1장

1 식초에 설탕과 소금을 넣고 잘 저어 녹입니다.

2 여기에 깨끗이 닦은 다시마를 넣습니다.
이때 용기는 뚜껑이 있는 것이 좋습니다.

3 밀폐 후 냉장고에서 이틀 정도 숙성시킨 후 다시마를 건져내고 사용합니다.
냉장 보관 시 3개월까지 사용할 수 있습니다.

활용법

- 단촛물을 미리 넉넉히 만들어 두고 입맛이 없을 때 밥 한 공기에 1~2큰술 정도 넣고 비벼 먹으면 새콤한 밥알 씹히는 맛이 식욕을 돋워줍니다.
- 고슬고슬하게 지은 뜨거운 상태의 밥에 단촛물만 넣어 잘 섞어주고
좋아하는 재료를 올리면 나만의 맛있는 초밥이 완성됩니다.
김을 싸서 먹으면 김초밥, 쌈을 싸서 먹으면 쌈초밥이 되지요.
유부, 생선, 고기, 채소 등 다양한 재료를 얹거나 활용하면
다채로운 초밥 맛을 즐길 수 있습니다.
- 소풍 김밥을 쌀 때도 단촛물을 사용합니다. 새콤달콤한 맛도 맛이지만,
여름에도 쉽게 상하지 않고 소화도 잘 되는 김밥을 만들 수 있습니다.
조금 만들어 유리병에 보관하면 평상시에도 반찬 걱정 없이 든든해집니다.

초밥용 **밥 짓기**

1 초밥용 밥은 질척하지 않고 고슬고슬해야 합니다.
밥을 안칠 때 물의 양을 쌀과 동일하게 1:1의 비율로,
일반 밥할 때보다 조금 적게 잡습니다.

↳ 다시마를 물에 30분 정도 우린 물로 밥을 지으면 초밥의 감칠맛이 훨씬 더해집니다.

2 밥이 다 되면 밥솥 밑바닥까지 골고루 뒤집어가며 김을 빼며 섞습니다.
큰 그릇에 밥을 담고 한 김 식힌 후 단촛물를 넣어 섞습니다.
보통 공기밥 한 그릇 분량에 1~2큰술 정도 사용하는데,
양은 개인마다 취향에 맞게 조금씩 가감합니다.

↳ 섞어줄 때에는 주걱을 세워 칼로 자르듯이 섞고 선풍기 등을 활용해
수분을 빨리 증발시키면 밥이 질지 않아 좋습니다.

밥과 채소, 환상의 만남
채소말이초밥

밥에 단촛물을 한두 큰술 넣고 잘 섞으면, 그 자체로 소화를 돕고 맛도 좋은 초밥이 됩니다.
여기에 집에서 손쉽게 구할 수 있는 채소를 더해 다양하고 색다른 맛의 초밥을 만들 수 있습니다.
색색의 채소를 얇게 저며 단촛물에 살짝 절인 후 초밥을 돌돌 말면
맛도 모양도 예쁜 채소말이초밥이 탄생합니다.
평소 채소를 싫어하는 아이들도 새콤달콤 아삭한 맛 때문에 한입에 쏙쏙 잘도 먹습니다.
도시락용으로도 손색이 없지요.
아이들도 좋아하는 채소말이초밥, 한번 만들어 볼까요?

밥 1공기
단촛물 8큰술
>114쪽 참조
오이 1/2개
무 1/3개
당근 1/2개
다시마 10×10cm 1장

1 오이와 무, 당근 등 집에 있는 채소를 필러로 얇고 길게 썰어줍니다. 물에 불린 다시마도 길게 자릅니다.
얇게 썬 채소를 단촛물에 20분 정도 담근 후 건져 물기를 빼둡니다.

2 단촛물에 절인 채소에 한입 크기로 뭉친 초밥을 올려 돌돌 말아줍니다.
잘 말아준 초밥을 접시에 예쁘게 담아 완성합니다.

↘ 초밥을 뭉칠 때 손에 단촛물을 묻혀가며 뭉치면 밥알이 손에 잘 붙지 않습니다.

깍두기와 함께 먹는
충무초밥

충무초밥은 기본 간이 되어 있지 않으니 총각김치나 깍두기 등과 같이 먹으면
입맛이 없을 때 또 다른 별미로 즐길 수 있습니다.
어묵이나 오징어 무침, 무말랭이 무침을 곁들여 먹어도 좋습니다.

밥 1공기
단촛물 1~2큰술
>114쪽 참조
김 5장
(김밥용 김이나 살짝 구운 김)
간장 약간

1 밥 짓기, 단촛물 섞기는 방법이 같습니다.
단, 충무초밥의 경우 일반 초밥에 비해 간이 적게 되어 있기에
단촛물을 사용할 때 간장을 약간 사용하면
충무초밥의 밋밋한 맛을 없앨 수 있습니다.

2 김은 1/6 크기로 잘라 사용합니다.
김 한 장에 한입 크기로 먹을 수 있을 양의 밥을 발라 말아줍니다.

↳ 김은 시중의 김밥용 김이나 살짝 구운 김을 사용하면 됩니다.

TIP

고추냉이 얹은 김초밥

충무초밥 레시피에 배합 식초를 약간 더 넣고 고추냉이를 살짝 얹으면
간단한 김초밥을 만들 수 있습니다.
입맛에 따라 고추냉이의 양을 조절하면 알싸한 김초밥 완성입니다.

아이들이 좋아하는
게맛살 김초밥

밥 1공기
단촛물 2큰술
>114쪽 참조
김 5장
오이 1개
게맛살 3~5줄
마요네즈 약간

TIP

게맛살 대신 통조림 참치나 훈제연어 등을 사용해도 맛있는 초밥이 완성됩니다. 보통 김밥을 쌀 때도 밥에 배합식초만 추가하면 새콤한 초간단 김초밥을 만들 수 있습니다.

1. 밥짓기와 단촛물 섞기는 방법이 같습니다.
2. 오이는 채 썰고, 게맛살은 보통 한 줄 그대로 사용하거나 두 가닥으로 길게 나누어 사용합니다.
3. 김밥 말 때와 같은 방법입니다.
   김을 한 장 깔고 초밥을 얇게 바른 후
   채 썬 오이와 게맛살을 얹습니다.
   마요네즈를 뿌린 후 김발로 감싸고 둥글게 말아줍니다.
   소풍이나 나들이 갈 때 도시락으로도 좋습니다.

식초 PLUS

우리 가족만의 특별한 초밥

집에서 해 먹는 초밥은 전문가가 만드는 초밥이 아닙니다. 그렇기 때문에 손쉽게 만들어 먹을 수 있어야 하지요. 다만 재료는 무궁무진합니다. 무엇을 얹느냐에 따라 다양한 초밥이 탄생합니다.
오늘 냉장고 안에 있는 식재료, 집 앞 마트에서 구할 수 있는 재료, 아이가, 남편이, 내가 특별히 좋아하는 음식을 얹어 응용할 수 있습니다. 삼겹살초밥, 새우초밥, 스테이크초밥 등 가족이 좋아하는 식재료를 얹어 우리 집만의 특별한 초밥을 만들어보면 어떨까요?

내 손으로 만드는
생선초밥

밥 1공기
단촛물 2큰술
>114쪽 참조
횟감 생선

1 밥 짓기, 단촛물 섞기는 방법이 같습니다.

2 뭉쳐진 초밥에 고추냉이(와사비)를 검지손가락으로 조금 찍어 바르고 그 위에 준비된 생선을 올려 검지와 중지를 반달 모양으로 만들어 누르듯 압력을 주면서 초밥 형태를 만들어 주면 됩니다.

식초 **PLUS**

다양한 초밥 만들기

깻잎이나 상추, 치커리 등 쌈채소를 활용하여 초밥을 만들어도 좋습니다.
보통 생선초밥에 고추냉이를 올리는 것과 달리 쌈초밥에는 초밥 위에 쌈장을 발라 주지요. 우리가 즐겨 먹던 쌈과 초밥의 환상적인 만남입니다.
잘 뭉쳐진 초밥에 쌈장을 조금 찍어 바르고, 깨끗이 씻은 깻잎 위에 올려놓으면 맛있는 깻잎 쌈초밥이 됩니다. 깻잎뿐 아니라 상추, 치커리, 배춧잎 등 다양한 생채소를 활용할 수 있지요. 양배추는 살짝 찌거나 데친 후 보쌈 싸듯 말아줍니다. 견과류를 얹거나 쌈 안에 함께 넣어 싸면 고소하고 영양도 더한 쌈초밥이 됩니다. 생채소뿐만 아니라 미리 만들어 놓은 장아찌를 얹어 장아찌초밥을 만들 수도 있습니다. 쌈이 되는 채소의 종류에 따라 초밥 위에 얹는 양념도 고추냉이(와사비), 된장, 고추장, 쌈장 등 취향에 맞게 사용합니다.

락교와 초생강 만들기

초밥에 빠질 수 없는 것이 락교라고 부르는, 쪽파와 비슷하게 생긴 염교 초절임입니다.
이 락교 초절임은 초생강과 더불어 일식에서 반드시 곁들이는 밑반찬이지요.
초밥에 얹는 날생선의 비린내를 잡아주며 입안을 개운하게 해주는 역할을 합니다.
초생강 또한 입맛을 개운하게 하며 각종 횟감을 비롯하여
음식 재료 고유의 맛을 느끼게 해줍니다.
날생선에 있을 수 있는 세균성 식중독균에 대해 살균력도 지니며
디아스타제와 단백질 분해효소로 소화도 돕기에 초밥과 환상의 궁합을 이룹니다.

쪽파 초절임(락교) 만들기

쪽파 흰 부분 200g, **생수** 1/2컵, **식초** 1/4컵, **설탕** 3큰술, **소금** 2작은술

1. 쪽파는 뿌리 쪽 흰 부분만 잘라 깨끗이 씻어 체에 밭쳐 물기를 뺍니다.
2. 생수에 식초, 설탕, 소금을 분량만큼 혼합하여 끓인 후 식힙니다.
3. 유리병에 쪽파 흰 부분을 넣고 끓여 식혀둔 배합식초를
   쪽파가 잠기도록 부어줍니다.
4. 냉장고에서 3일 동안 숙성시킨 후 먹습니다.

TIP

락교는 우리말로 염교라고 합니다. 알부추, 토란부추, 돼지파 등으로도 불리지요.
예전에는 김치를 담글 때 넣으면 시원하다고 하여 활용하기도 했지만
지금은 시장에서 찾아보기가 쉽지 않습니다.
여기서는 락교와 비슷한 느낌의 쪽파 뿌리 쪽 흰 부분만 잘라 절임을 만들어 봅니다.
일본에서는 소금 절임과 초절임의 반복으로 락교를 생산하고 있습니다만,
우리는 집에서 쉽게 만드는 만큼 소금 절임 과정도 초절임에 포함하여 같이 진행합니다.

초생강 만들기

생강 200g, **적채** 20g, **생수** 1/3컵, **식초** 1/3컵, **설탕** 4큰술, **소금** 1작은술

1 생강은 크고 싱싱한 것을 골라 흐르는 물에 깨끗이 씻어 손질합니다.

2 껍질은 칼등으로 벗기면 잘 벗겨지니 껍질을 벗기고 아주 얇게 슬라이스합니다.

3 얇게 썬 생강을 끓는 물에 살짝 데쳐 찬물에 헹구면
맵고 아린 맛이 어느 정도 제거됩니다.

4 채 썬 적채와 찬물에 헹군 생강의 물기를 꼭 짜 유리병에 넣습니다.
적채는 초생강에 붉은색을 내기 위해 사용한 것으로 비트를 대신 사용해도 됩니다.

5 생수에 식초, 설탕, 소금을 분량만큼 넣고 끓여 배합 식초를 만들고,
뜨거운 상태에서 생강이 잠기도록 부어줍니다.

6 밀폐하여 그늘진 곳에서 하루 동안 두고 다음 날 냉장고에 넣고 일주일일 숙성시키면
맛있는 초생강이 완성됩니다.

No.14

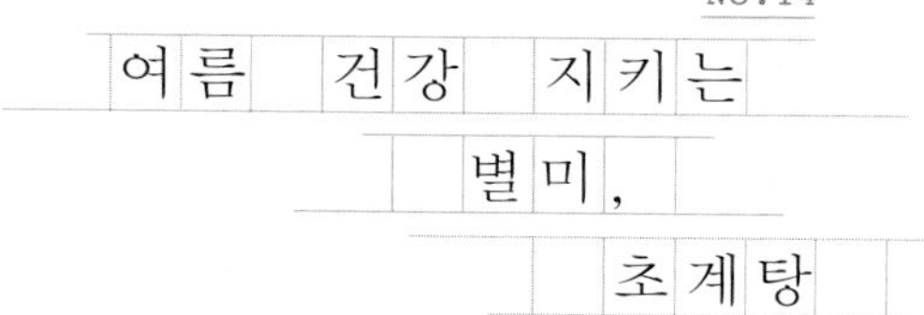

초계탕은 함경도와 평안도 지방에서 추운 겨울에 먹던 별미로,
궁중에서는 무더운 여름날 더위를 이기려 즐겨 먹던
여름철 보양식으로 잘 알려져 있습니다.

초계탕의 초(醋)는 식초를 뜻합니다.
계는 겨자(개 芥)를 뜻하는 평안도 사투리라는 의견도 있고
식초를 넣어 새콤한 닭 육수에 가늘게 찢은 닭고기를 넣어
'초계탕(醋鷄湯)'이라는 의견도 있지요.
중요한 건 무더운 여름날의 보양식이나
겨울 추운 날의 별미로 이만한 것이 없다는 점입니다.
초계탕은 원기회복을 도우면서도 칼로리가 낮아
누구나 부담없이 먹을 수 있는 대표적인 계절 보양식입니다.
초계탕은 닭고기를 뼈째로 토막내고 간을 맞추어 끓여서 육수를 차갑게 식힌 뒤
식초와 겨자로 간한 후, 닭고기를 가늘게 찢어 넣어 만듭니다.
닭의 기름기를 제거한 담백하고 시원한 닭 국물에
오이, 당근, 배추 등의 신선한 채소를 곁들여 메밀국수를 말아 먹는 초계탕.
식초를 활용한 보양식으로 집에서도 쉽게 만들어 먹을 수 있습니다.

닭 1마리
물 3L
마늘 5알
대파 1대
무 1/4개
오이 2개
양파 1개
당근 1/2개
달걀 1개
메밀국수 4인분
소금 1.5큰술

닭고기 양념

식초 5큰술
설탕 3큰술
진간장 1큰술
겨자 1큰술
다진 마늘 1큰술

육수 양념

식초 1/4컵
겨자 1/2큰술
설탕 2큰술
진간장 1큰술
소금 1큰술

1 닭은 기름기 많은 부분을 제거하고 찬물 3리터에 푹 잠기도록 담아 마늘 5알, 양파 1/2개, 대파 1대를 넣어 40여 분 끓입니다.

↘ 닭고기는 소고기와 달리 빨리 부드러워지니 쫄깃한 식감을 살리기 위해 오래 삶지 않고 처음 20분은 센 불에 끓이다가 끓기 시작하면 약한 불로 줄입니다.

2 닭이 다 익으면 건져내어 먹기 좋은 크기로 찢어 식혀 냉장고에 잠시 넣어둡니다.

3 닭을 끓인 육수는 얼음물에 식히고 기름기를 거즈에 걸러 맑게 준비합니다.

↘ 2번 거르면 기름기가 완전히 제거되어 깔끔한 육수 맛을 볼 수 있습니다.

4 기름기를 제거한 육수는 1/2은 얼리고 1/2은 냉장 보관합니다.

5 초계탕에 올릴 부재료로 오이 2개를 채 썰어 소금 1/2큰술을 넣고 골고루 무치고 무 1/4개를 채 썰어 소금 1큰술을 넣고 골고루 무쳐 각각 20분간 절입니다.

6 달걀 1개를 지단으로 만들어 채 썰어 준비합니다.

7 닭고기의 양념을 위해 식초 5큰술, 설탕 3큰술, 진간장 1큰술, 겨자 1큰술, 다진 마늘 1큰술을 골고루 섞어 준비한 뒤 차갑게 식힌 닭고기에 뿌려 골고루 무쳐 줍니다.

8 양파 1/2개, 당근 1/2개를 채 썰고 소금에 절여둔 오이와 무를 물에 씻어 물기를 꼭 짜서 준비합니다.

9 메밀국수 4인분은 쫄깃하게 삶아 건져서 찬물에 전분기가 없도록 2~3번 정도 씻어 체에 올려 물기를 제거합니다.

10 얼리고 냉장 보관한 닭 육수는 같이 섞어 살얼음 형태로 만들고 양념으로 식초 1/4컵, 겨자 1/2큰술, 설탕 2큰술, 진간장 1큰술, 소금 1큰술을 넣어 준비합니다.

11 그릇에 메밀국수를 담고 양파와 당근, 오이와 무, 계란 지단을 올리고 시원한 닭 육수를 부어 맛있게 먹으면 됩니다.

식초 PLUS

식초 활용 홈메이드 요리 비법 핵심 정리

건강에 좋은 식초를 섭취할 수 있는 간단한 홈메이드 식초 요리법. 기본적인 몇 가지 비율만 기억해두면 다양한 재료를 활용해 집에서도 손쉽게 식초 요리를 만들 수 있습니다. 핵심만 간단히 정리했습니다. 나와 우리 가족의 취향을 살린 비율과 재료가 있다면, 책의 여백에 메모해두세요.
내 가족에게 맞춘 나만의 식초 요리 레시피가 탄생합니다.

장아찌

식초 1 : 간장 1 : 설탕 1 : 물 0.5 비율로 장아찌물을 만들고, 깻잎, 부추, 양파, 버섯 등 제철 채소를 깨끗이 손질한 후 잠길 정도로 붓습니다. 냉장고에서 이틀 정도 숙성시킨 후 먹습니다.

*냉장 보관하면 장아찌물을 끓이지 않아도 됩니다.

피클

식초 1 : 설탕 1 : 생수 2 비율로 피클물을 만듭니다. 여기에 소금을 약간 넣어줍니다. 양파, 오이, 배추 등 신선한 채소를 깨끗이 손질하여 용기에 담은 후 피클물을 잠길 정도로 붓고 냉장고에서 이틀 정도 숙성시킨 후 먹습니다.

*냉장 보관하면 피클물을 끓이지 않아도 됩니다.

냉국

냉수 2컵 반 분량(500ml)에 식초 1/4컵, 국간장 1큰술, 설탕 1큰술의 비율로 국물을 만들어 오이냉국, 미역냉국을 만드는 데 활용합니다. 기호에 따라 다진 마늘, 소금, 쪽파, 통깨 등 양념을 추가하여 드세요.

초고추장

고추장 2 : 식초 1 : 설탕 1 비율로 초장을 만들어 비빔국수나 숙회, 횟감 등에 활용합니다. 다진 마늘을 약간 넣으면 알싸한 맛을 더할 수 있습니다. 통깨를 살짝 뿌려 드셔도 좋습니다.

초간장

식초 1 : 진간장 1 비율로 초간장을 만듭니다. 여기에 청양고추나 다진 양파, 참기름 등을 살짝 넣어 각종 튀김이나 부침전 등에 활용하세요.

초밥용 식초

식초 2컵 반, 설탕 6큰술, 소금 1큰술 비율로 초밥용 배합식초를 만듭니다. 여기에 7×7cm 크기의 다시마 1장를 넣어 이틀 동안 냉장고에서 숙성시킨 후 다시마를 건져내면 감칠맛이 더해집니다. 밥 1공기에 2큰술 정도의 초밥용 식초를 뿌려 김초밥, 생선초밥, 채소초밥 등에 다양하게 활용합니다.

*자연발효식초는 산도가 6도 이상 되는 좋은 식초를 사용하고, 각종 식초 음료부터 무침 요리나 드레싱 소스 등에 활용하면 좋습니다. 재료와 기호에 따라 식초의 양은 가감하세요.

PART 4

체질별, 연령별, 성별 식초 활용법

비싼 가격 때문에 평소 즐기지 못하던 요리,
오늘은 먹어보기로 합니다.
특별한 날 입으려 아껴두었던 외출복,
오늘 꺼내 입어봅니다.
진열장 안에 놓아두기만 했던 예쁜 커피 잔,
오늘은 나를 위해 꺼내 사용해봅니다.

그동안 쑥스러워서 하지 못했던 말,
늙은 부모님께 사랑한다고 직접 말해봅니다.

오늘 하루쯤 아무 일도 하지 않고
그냥 빈둥거려 보아도 괜찮습니다.

하루에 한 가지
소소하고 작은 것을 크게 즐겨보기로 합니다.
내 생애 가장 젊은 순간은
바로 오늘 지금입니다.

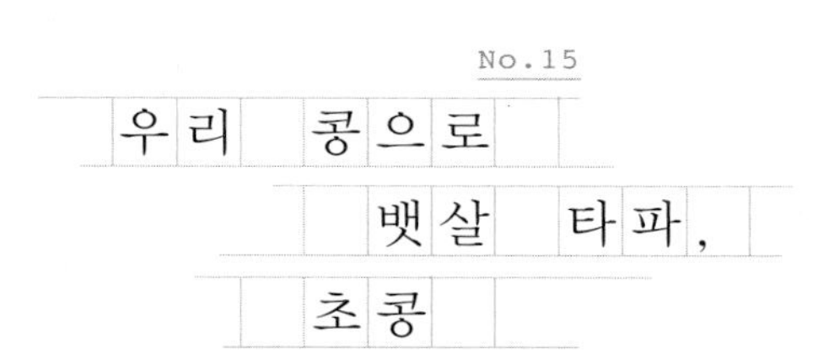

우리나라 곡물 자급률이 얼마인지 아시나요?
2017년 기준으로 23%라고 합니다.
이마저도 쌀과 일부 뿌리작물을 제외하면 3.3%밖에 되지 않습니다.
실제로 밀 자급률은 1.2%, 보리는 23%, 콩은 32.1% 수준입니다.
밀, 콩 등 대부분의 곡물을 해외에 의존하고 있는 형편이지요.

1970년대에는 한 해 20만 톤가량 수입되던 농축수산물이
2010년엔 1,384만 톤으로 늘어났다고 합니다.
우리 입으로 들어가는 먹을거리 상당 부분이 수입에 의존한다는 얘기입니다.
이제 수입 농산물 없이는 먹고 살기 어렵게 된 현실이 씁쓸하기만 합니다.

식량 안보 문제는 이미 오래전부터 심각한 문제였습니다.
더구나 요즘은 당장 우리가 먹고 마시는 먹을거리조차 안전하지 않은 것이 큰 문제지요.
이윤을 목적으로 한 다국적 거대 곡물 회사들은 병충해에 강하고
많은 양의 농산물을 쉽고 빠르게 확보하기 위해 유전자 조작을 서슴지 않습니다.
산지에서 이미 제초제 글리포세이트가 살포된 농산물은
배에 실려 먼 이국땅까지 오기 위해 각종 방부제와 고농도 농약으로 범벅이 됩니다.

수입 콩의 대부분은 유전자 조작(GMO) 농작물이지요.
튀김에 주로 사용하는 콩기름의 경우
유전자 조작 대두를 석유 화합물인 핵산에 넣어 기름만 추출한 것입니다.
지방이 빠진 탈지대두는 염산으로 장을 만들고 다시 중화제를 넣고 걸러
시중의 산분해 간장이나 식품의 또 다른 소재로 활용됩니다.
내가 먹는 대부분의 가공식품이 모양만 식품일 뿐
만들어지는 가공 과정은 가히 충격적이지요.

사람의 기술이 자연의 먹을거리를 침범하고 자연의 영역에 도전한 지 오래입니다.
기술이 발달하고 세상이 변하더라도 사람이 먹는 먹을거리만큼은
경제적인 가치보다 사람을 우선에 두고 만들어져야 하지요.
유전자를 조작하고, 농약과 방부제를 남발하고,
비용 절감을 위해 인위적인 화학첨가물로 식품을 가공하다 보면
결국 그 피해와 책임은 다시 사람에게 돌아옵니다.
지금 당장 그 피해가 심각하게 드러나지 않고 잠재되어 있을지언정
우리 자녀들의 안전은 무엇으로 보장할 수 있을까요.

주는 만큼 돌려받는 것이 하늘의 이치입니다.
우리 땅에서 온 자연의 먹을거리를 찾는 이들이 많아지면
우리 농촌이 살고 농사짓는 농부가 삽니다.
또 그 먹을거리를 먹는 사람도 건강해집니다.
현명한 소비는 결국 나와 내 건강을 챙기면서 우리 농촌과 농부를 살립니다.
이는 우리 땅에서 지속 가능한 먹을거리를 확보하고
가까운 미래 안전을 보장하는 길이기도 합니다.

우리 농민의 땀과 열정으로 기른 검정 약콩을 이용해 초콩을 만들어보려 합니다.
콩은 대표적인 건강식품으로 꼽힙니다.
콩에 있는 사포닌은 노화를 촉진시키는 과산화지질을 없애 노화 방지에 효과적입니다.
오래도록 젊음을 유지하고 싶어 하는 사람들에게 콩은 매우 유익한 식품이지요.
중요한 건 이런 콩을 식초와 함께 복용하면 더 좋은 효과를 거둘 수 있다는 사실입니다.

식초에 절인 콩인 초콩은 당뇨, 불면증, 심장병, 편두통, 고혈압과 저혈압, 신장병, 오십견,
변비, 류머티즘 등에 두루 효과가 좋은 것으로 알려져 있습니다.
단, 몸에 좋다고 무한정 먹어서는 안 됩니다.
한꺼번에 많은 양을 섭취하면 설사, 구역질, 위장 장애 같은 부작용을 일으킬 수 있습니다.
이런 점만 주의하면서 초콩을 2~3개월 꾸준히 복용하면 몸으로 효과를 톡톡히 느낄 수 있습니다.

초콩을 만들 때 식초는 자연발효된 곡물식초를 사용하는 것이 좋습니다.
과일식초 중에는 그 원료에 따라서 콩에 들어있는 칼슘의 흡수를 저해하는 성분이
함유되어 있기 때문이지요.
굳이 과일식초를 사용하고 싶다면 주석산이 비교적 적게 함유된 사과식초를 권합니다.
하지만 풍부한 아미노산과 유기산을 함유하고 있다는 점에서
초콩을 담그는 데 곡물식초만큼 좋은 것은 없습니다.

콩은 알갱이가 고르게 크고 신선하며 유기 재배된 것을 사용합니다.
검정콩이나 메주를 만드는 데 쓰는 노란 콩도 좋지만 검은 쥐눈이콩이 효능 면에서 가장 적합합니다.
콩 가운데서도 까맣고 윤기가 나는 쥐눈이콩은 단백질·지방·칼슘·철분·비타민 등
영양분이 풍부합니다. 특히 여성에게 좋은 약콩으로 알려져 있지요.
한방에서는 서목태라 일컫는데, 쥐의 눈처럼 작고 반짝반짝 빛난다고 해서 붙여진 이름입니다.

초콩은 특히 과체중으로 각종 생활습관병을 앓고 있거나 체중 조절이 필요한 분,
또 갱년기에 접어들어 몸과 마음이 무거워진 여성들에게 적극 권합니다.
식초의 신맛을 싫어하는 사람도 조금씩 시도하고 익숙해지면
처음보다 한결 수월하게 초콩을 섭취할 수 있습니다.
이번 기회에 직접 만들어 도전해 보시기 바랍니다.

초콩 만들기

검은 쥐눈이콩(약콩) 2컵
자연발효식초 3컵
주둥이가 넓은 병
(플라스틱, 금속 재질이 아닌 유리병이면 무난함)

1 우선 콩을 깨끗한 물에 여러 번 헹군 다음
물기를 빠른 시간에 제거하는데,
이때 물 위로 떠오른 콩은 건져내 버리고 가라앉은 콩만
마른 천으로 깨끗이 닦아 살짝 볶아 줍니다.

↳ 살짝 볶아 주면 콩의 풋내도 없애고 물기도 제거되는 이중 효과가 있습니다.

2 준비된 병에 콩을 먼저 담은 다음 식초를 붓습니다.
콩과 식초의 비율은 2:3 정도면 적당합니다.

↳ 준비된 병의 1/3까지만 콩을 담는데
너무 많이 담으면 콩이 불어나 넘칠 수 있기에 주의합니다.
만들어진 초콩의 신맛이 짙어 먹기 어려우면 식초 원액에 물(2~3배)을 추가하여
신맛을 낮춘 식초를 사용하면 먹기에 수월합니다.

3 햇빛이 닿지 않는 어둡고 찬 곳에 보관합니다.

↳ 냉장고에서 일주일 정도 보관하면 무리가 없습니다.
보관할 때는 뚜껑을 열지 않는 것이 좋으며 콩이 부풀어 올라 식초 표면에
콩이 보이면 식초를 더 첨가해 콩이 식초에 잠길 수 있게 합니다.

4 일주일 후 식초와 콩을 체에 내려 따로따로 분리시키고,
냄새 때문에 곧장 먹기 힘들면 그늘에 말려 반 건조 상태에서
먹습니다. 냄새가 많이 제거되어 훨씬 먹기 편합니다.

5 걸러진 식초의 색은 콩의 영향으로 검게 되는데,
검은콩의 검은 색소는 항산화 작용을 하니 버리지 말고
다른 병에 잘 보관해 음식을 할 때 이용하면 좋습니다.

↳ 초콩의 보존 기간은 보관 상태에 따라 다르지만, 대략 1개월 정도입니다.
그렇더라도 한 번 만들 때 약 2주일 정도 먹을 분량으로 하는 것이 좋습니다.

활용법

처음에는 적은 양으로 시작해 점차 익숙해지면 식사 후 30분경 7~8알씩 먹습니다.
또는 일상생활 틈틈이 먹습니다.
만약 속쓰림이나 구역질 등의 증상이 나타나면 양을 줄입니다.
아무리 몸에 좋다고 해도 특유의 냄새 때문에 먹기 어려워하기도 합니다.
이때에는 초콩을 그늘에 말려 반 건조 상태에서 먹거나 초콩을 만들 때
약한 불에 살짝 볶은 후 사용하면 냄새가 제거돼 한결 먹기 편합니다.
다른 방법으로 요구르트나 주스 등에 초콩을 함께 갈아서 마시면
먹기가 훨씬 수월합니다. 이렇게 2~3개월 정도 꾸준히 복용하면
몸이 훨씬 가뿐해지는 걸 느낄 수 있습니다.

No.16

골다공증 걱정인 어머니께, 초밀란

사람에게 하늘에서 주는 가장 큰 선물은 엄마라고 합니다.
자녀에게 엄마보다 더 훌륭한 하늘의 선물은 없지요.
엄마는 배 속에서부터 뼈와 살을 깎아 자식에게 줍니다.
온몸이 부서지는 고통 속에 출산을 하고도
아기를 만나면 세상 둘도 없는 행복한 얼굴이 됩니다.

엄마는 항상 내 편입니다.
단 한 번도 내 편이 아닌 적이 없습니다.
엄마는 항상 주기만 하십니다.
주고 또 주고도 더 주지 못해 안달입니다.
엄마는 참 바보입니다.
세상에 자식 앞에 이런 바보가 없습니다.
그런 엄마가 늙어갑니다.
곱던 얼굴엔 주름이 가득하고 꼿꼿하던 허리는 휘어집니다.
내가 아프면 엄마 마음이 더 아프듯,
엄마가 아프니 내 마음이 아픕니다.

엄마 사랑해요.
아프지 마세요.

송아지를 2마리 이상 출산한 암소 뼈로는 곰탕을 끓이지 않는다고 합니다.
뼈에서 칼슘이 벌써 다 빠져나가 곰탕을 끓이면 까맣게 된다는 것이지요.
사람의 뼈도 마찬가지입니다. 아이를 출산한 엄마가 그렇지요.
엄마가 가진 영양분을 배 속 아이에게 나눠주려니 당연합니다.
여자가 온몸으로 감내하는 몫이 큽니다.
실제 여성은 남성에 비해 골다공증 환자 수가 10배가 넘습니다.
더구나 나이가 들어 폐경이 오면 여성 호르몬이 감소하면서 골밀도가 낮아지는데,
특히 폐경 후 5~10년 내에 뼈가 급격히 약해지고 골다공증 비율이 높아집니다.

사람의 뼈에는 뼈를 생성하는 조골세포와 뼈를 파괴하는 파골세포가 있습니다.
나이가 들면 조골세포보다 파골세포의 기능이 높아집니다.
늙으면 뼈가 약해지는 이유이기도 하지요.
젊은 나이라 해도 평소 음식 섭취를 통해 칼슘을 적절하게 보충하지 못할 경우
골다공증이 생깁니다. 영양이 부족할 경우 혈액 내 적정 농도의 칼슘을 유지하기 위해
뼈에서 칼슘을 가져와 사용하기 때문입니다.
노화, 여성 호르몬 감소, 운동 부족, 음식 섭취 불균형 등 여러 요인들로 인해 특히 여성은
나이가 들수록 골다공증 위험이 높습니다. 더욱 각별한 주의와 관심이 필요한 이유입니다.

어머니로부터 받은 사랑에 감히 미치지 못하지만
조금이나마 갚으려 합니다.

초밀란을 만들어 엄마가 꾸준히 드실 수 있도록 살펴드리는 것이지요.
초밀란을 드시는 엄마는 자식의 마음을 알기에 행복하실 겁니다.

골다공증 예방하는 초밀란

유전적인 요인이나 노화로 인한 자연적인 현상은 어쩔 수 없다 해도, 최대한 일정량 이상의 칼슘과 비타민D를 충분히 섭취하면 뼈가 약해지고 골밀도가 감소하는 증상을 막을 수 있습니다.
평소 먹는 음식을 통해 섭취하는 칼슘은 실제로 흡수율이 높지 않습니다. 그 양 또한 기준치에 미치지 못하지요. 그렇다고 영양제를 통해 보충할 경우 간에 무리를 주고 변비와 결석 등 부작용을 초래할 수도 있습니다. 가장 좋은 방법은 식품을 통해 섭취하는 것이지요.
잘 숙성된 자연발효식초에 방사 유정란을 녹여 초밀란을 만들어 먹습니다. 유정란의 난각(껍질)은 알칼리성인 탄산칼슘으로 되어 있어 산성인 식초를 만나면 수용성 칼슘이 됩니다. 사람 몸에 흡수가 잘 되는 상태가 되지요.
한 개의 유정란 난각에는 1일 성인 칼슘 권장 섭취량 700mg의 7배인 5,000mg의 칼슘이 들어있습니다. 또한 달걀 노른자에는 비타민D 성분이 풍부하여 간과 신장을 거치면서 활성형 비타민D가 되고, 장에서 칼슘 흡수를 증가시켜 뼈의 무기질 침착에 중요한 역할을 합니다.
초란이나 초밀란을 만들면서 가장 중요한 것이 식초의 선택인데, 식초는 자연발효된 천연 곡물식초를 사용하는 것이 가장 좋습니다. 시중에서 쉽게 구할 수 있는 주정식초는 유기산이 부족하고 초산 성분이 대부분이라 건강을 생각한다면 좋은 식초라 볼 수 없습니다. 유기산 성분이 없어 간이나 위에 부담을 줄 수도 있지요.
자연발효된 식초라도 탄닌 성분 때문에 산도가 높지 않은 감식초나 칼슘 섭취를 방해할 수 있는 주석산이 함유된 과일식초보다는 아미노산 성분이 풍부한 곡물식초가 초란이나 초밀란 만들기에 적당합니다.

초밀란 만들기

유정란 5개
자연발효식초 1L
밤꿀 600g
생화분 60g
유리병

TIP

보통 유정란 4~5개에
식초 1L 정도 사용합니다.
유정란 1개에 식초는
180ml~210ml가 적당하며
크기에 따라 비율을
가감할 수 있습니다.

1 유정란은 흐르는 물에 깨끗이 씻어 마른 수건으로 잘 닦아 물기를 제거합니다.

2 깨끗이 씻어 말린 유리병에 조심히 유정란을 담고 자연발효된 식초를 붓습니다.

3 뚜껑을 꼭 닫아 밀폐시켜 어둡고 시원한 곳에 보관하는데 보통 베란다나 욕실 구석에 선반을 만들어 보관하면 됩니다.

4 유정란에 자연발효된 식초를 넣으면
대부분 탄산칼슘으로 이루어진 달걀 껍질이 식초의 초산에 의해
용해되며 이산화탄소가 발생해 거품이 생깁니다.
여기서 주의할 점은 유정란이 처음에는 가라앉아 있다가
표면에 기포가 발생하며, 시간이 지나면서 점점 둥둥 뜨다
다시 삼투압에 의해 크기가 커지면서 가라앉기를 반복합니다.
따라서 용기는 식초를 넣었을 때
약 70% 정도만 차는 크기로 준비합니다.

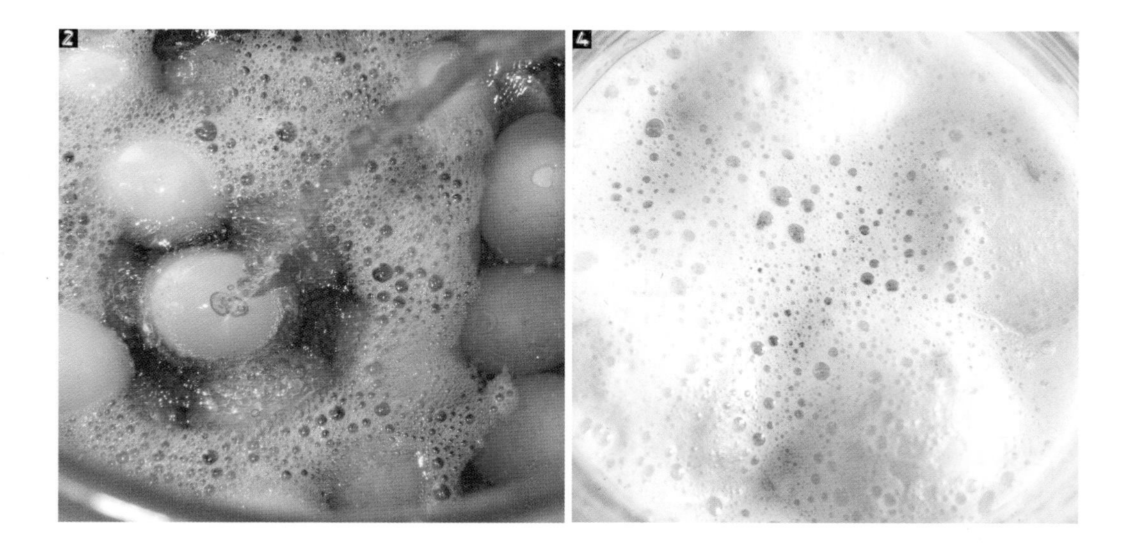

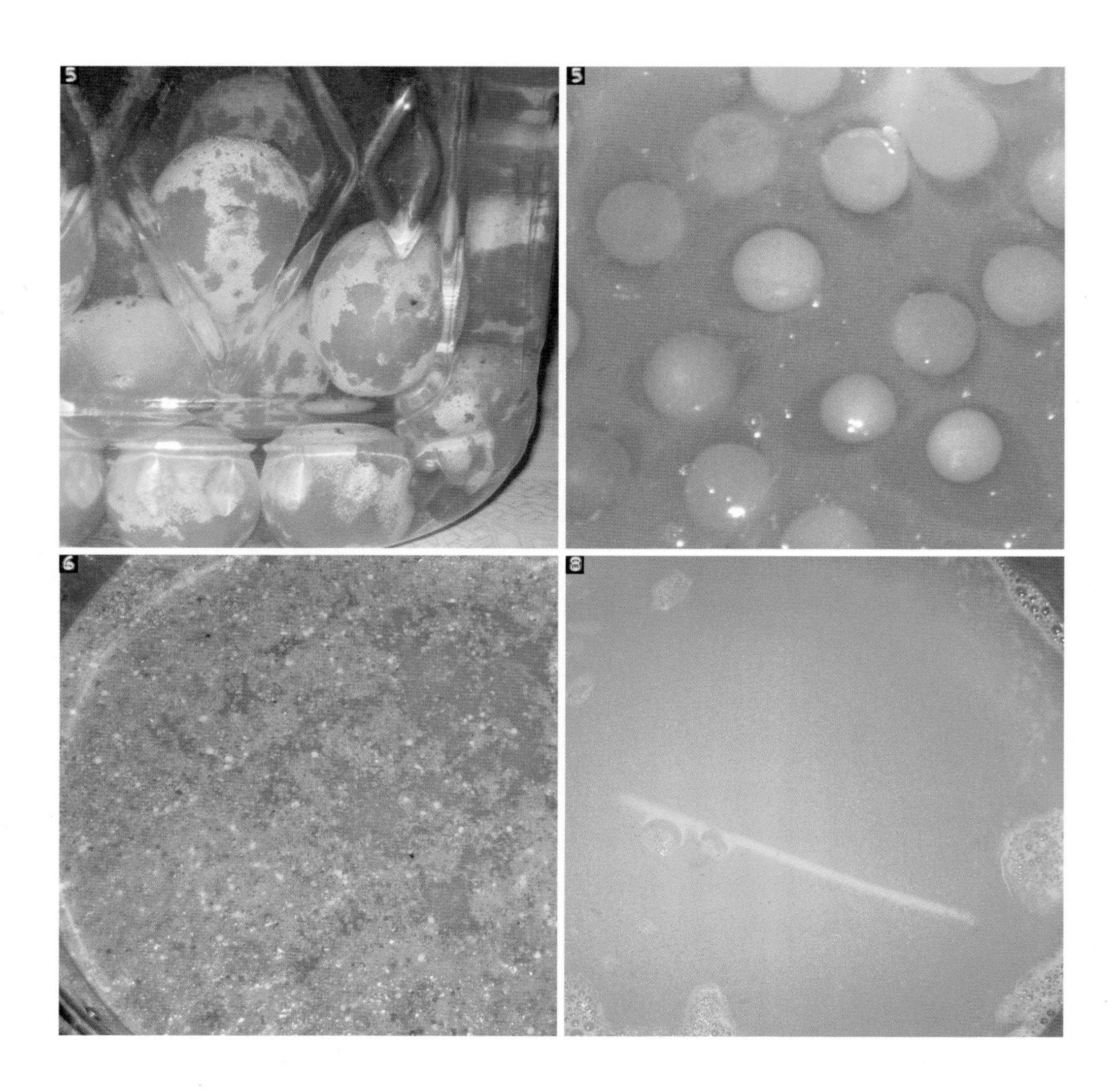
5
5
6
8

5 2~3일 정도 지나면 유정란의 표면이 녹아내리는 것을 볼 수 있고, 약 일주일이 지나면 껍질이 녹은 것을 볼 수 있습니다. 이때 유정란의 하얀 막(난각막)은 녹지 않으니 나무젓가락으로 터트려 하얀 막은 건져내고 난백(흰자)과 난황(노른자)이 골고루 섞이도록 저어 줍니다.특히 난황은 잘 풀리지 않으니 찌꺼기를 걸러내는 면포나 세밀한 망에 넣어 짜주면 난황도 잘 풀리고 찌꺼기도 걸러내어 더 깔끔한 맛이 됩니다. 간혹 식초와 달걀의 비율이 맞지 않거나 식초의 산도가 약해 난각이 잘 녹지 않을 때 용기를 흔들어주면 도움이 됩니다.

6 만들어진 초란에 밤꿀과 생화분을 넣고 잘 섞어 꿀과 화분이 모두 풀릴 수 있도록 합니다.

↳ 꿀과 화분이 들어가기 전의 상태를 초란이라 하고, 꿀과 화분이 들어간 후에는 초밀란이라고 부릅니다.

7 뚜껑을 닫고 냉장고(냉장실)에서 2~3일간 숙성을 하는데, 이때 하루에 한 번씩 나무젓가락으로 저어주어 난황과 꿀, 화분이 제대로 풀릴 수 있도록 합니다.

8 숙성이 끝나면 편한 용기에 옮기거나 그대로 음용하면 되는데, 금속 용기나 플라스틱 용기는 피합니다. 초밀란의 보존 기간은 보관 상태에 따라 다르지만, 냉장 보관시 대략 6개월 정도입니다.

↳ 건강을 위한 것이니 한 번 만들 때 약 1개월 정도 먹을 분량으로 하는 것이 좋습니다. 식후 소주잔 1잔(30ml) 정도를 그냥 마셔도 되고 진하면 물에 2~3배 희석하여 꾸준히 마시면 골다공증뿐만 아니라 허약 체질에도 좋습니다.

주의점

초란이나 초밀란은 한 번에 많은 양을 만들어 복용하는 것이 아니라 필요할 때마다 조금씩 만들어 먹는 것이 좋습니다.

중국 최초로 거대한 통일 제국을 이룩한 진시황은
자신의 권세와 자신이 세운 나라가 영원불멸하리라 믿었습니다.
천하를 통일한 제국의 황제로서 영원히 그 영화를 누리고자 했지요.
그는 많은 사람들을 동원하여 먹으면 늙지도, 죽지도 않는다는
'불로초'를 구하고자 전력을 다했습니다.
하지만 불로장생을 꿈꾼 그도 50세의 나이에 죽고 맙니다.
불로초를 찾아 순행을 떠난 사구(沙丘)란 곳에서 병을 얻어 객사하였지요.
그의 병을 두고, 암살 위험을 피하기 위해
뜨거운 여름날 철제 마차를 타고 다녀 열사병을 얻었다는 설도 있고,
불로장생약이라 믿었던 탕약에 중독되어 그런 것이란 설도 있습니다.
중요한 건 중국 천하를 최초로 통일한 진시황도
죽음 앞에서는 일반 서인과 다를 바 없었다는 사실입니다.
진시황이 죽은 후 수도인 함양으로 옮겨오는 과정에 시신이 심하게 썩어가니
나중에 절인 생선을 실은 마차에 실어 옮겼다는 이야기도 전해집니다.
그의 제국 진나라도 4년 뒤 허무하게 멸망하지요.
영원한 권세도, 영원한 생도 없나 봅니다.

미래의 꿈을 위해 오늘을 희생하며 살고 있는 나를 봅니다.
몇백 년을 살 것도 아니면서 몇천 년 살 것처럼
내일의 꿈과 목표를 위해 지금 현재를 유예하고 있지요.
지금 이 순간의 행복보다 어떻게 될지 모르는 미래의 행복을 위하여
절제하고 아끼며 저축하는 오늘을 살고 있지요.
지금보다 미래의 행복을 먼저 생각합니다.
분명 지난날의 미래가 '오늘'일 텐데,
오늘은 또 다른 미래의 행복을 걱정합니다.
지금 즐겁다면 나중에도 즐거울 겁니다.
지금 행복하다면 나중도 행복할 것이지요.

비싼 가격에 평상시 즐기지 못하던 요리를
오늘 한번 먹어봅니다.
특별한 날 입으려 아껴두었던 예쁜 외출복을
오늘 한번 입어봅니다.
늙은 부모님께 사랑한다고 직접 말하기 쑥스럽습니다.
하지만 오늘은 한번 해봅니다.
진열장에 두었던 예쁜 커피 잔을 꺼내 나를 위해 사용하고,
오늘 하루쯤 아무 일도 하지 않고 그냥 빈둥거려보는 것도 괜찮습니다.
하루에 한 가지씩 소소하고 작은 것을 크게 즐겨보는 겁니다.
내 생애 가장 젊은 순간은
바로 오늘, 지금입니다.

식초 PLUS

블로장생의 차 콤부차

그 옛날 천하를 통일한 진시황이 불로장생을 위해 매일 마셨던 차 중 하나가 콤부차(KOMBUCHA)라고 합니다. 콤부차는 홍차버섯을 배양해 찻물에 넣고 자연발효시킨 음료입니다. 새콤달콤한 맛에 각종 유기산이 풍부해 슈퍼푸드로 전 세계적으로 각광받습니다. 19세기 말에서 20세기 초 러시아와 유럽에서 널리 퍼졌는데, 최근에는 많은 할리우드 스타들이 건강 관리를 위해 마신다고 알려져 유명해졌지요.

콤부차에는 글루쿠론산(GA)이 풍부하여 간의 대사와 해독 작용을 원활하게 합니다. 폴리페놀 성분은 활성산소로 인한 각종 질병과 세포 노화를 방지하는 데 도움을 줍니다. 그 외에 피로 회복과 비만 억제, 면역력 향상 등에도 탁월한 효과를 보이지요.

특히 잠을 푹 자도 피로가 쉽게 풀리지 않아 종일 피로를 느끼는 사람이나 잦은 음주로 간에 활력이 필요한 분들, 칼로리 조절과 다이어트 중인 사람, 혈액순환이 잘 되지 않아 피부 트러블이 생겨 고민하는 사람이 마시면 좋습니다.

콤부차의 주원료인 홍차버섯은 실은 버섯이 아니라 버섯 모양의 미생물 덩어리입니다. 이 미생물이 홍차와 녹차, 도라지차를 비롯한 당분이 포함된 다양한 차를 발효시켜 유기산이 풍부한 발효차를 만들지요.

콤부차 만드는 방법은 의외로 간단합니다. 우리가 평상시 마시는 홍차나 녹차 등을 준비하고 여기에 홍차버섯균을 배양시켜 마시면 됩니다.

버섯균의 먹이가 되는 당분은 홍차나 녹차에 미리 추가해 줍니다.

TIP

식초와 콤부차

콤부차는 새콤달콤한 맛의 발효 음료입니다. 이는 초산 발효와 연관이 있지요.
넓게 보면 초산균에 의해 식초가 되어가는 과정 중 하나라 볼 수 있습니다.
콤부차 발효를 오랫동안 지속시키면 신맛이 강해져 식초가 됩니다.
하지만 신맛이 식초처럼 강해지기 전에 발효를 중지시켜 새콤한 맛의 콤부차로 활용합니다.

콤부차 만들기

물 1L
차 20~30g
(녹차, 보이차, 메밀차, 도라지차 등)
벌꿀 200g
(설탕의 경우 180g)
어미 홍차버섯균 및 배양액 300ml
유리병(2L) 1개
거즈 1장
고무줄 1개

1 끓는 물 1L에 홍차나 녹차, 보이차, 메밀차, 도라지차 등 다양한 차 중 하나를 기호에 맞게 준비하여 우려냅니다.

2 보통 홍차버섯균이 먹고 자랄 양분으로 설탕을 많이 넣지만 여기서는 벌꿀로 대체합니다.
벌꿀 한 컵 분량을 준비된 차에 녹입니다.

3 찻물이 완전히 식으면 유리병에 붓고 먼저 만들어 둔 홍차버섯균과 배양액 300ml(콤부차)를 넣어줍니다.

↘ 처음 콤부차를 준비하신다면 인터넷을 통해 홍차버섯균과 배양액을 구매할 수 있습니다. 한 번 구매한 홍차버섯균은 계속 배양하여 사용할 수 있습니다.

4 콤부차 진액균은 공기가 있어야 잘 자라는 호기성균이라 유리병 입구를 공기가 잘 통하도록 거즈로 덮고 초파리나 해충이 들어가지 못하도록 고무줄로 고정을 시켜줍니다.

5 그 상태로 실온(25도 이상)에 두면 3~4일 뒤 하얀 막이 생깁니다. 이 막을 진액균막 또는 홍이라고 부릅니다.
이 하얀 막은 점차 두꺼워지는데 햇볕이 직접 들지 않는 곳에 두고 약 2주 정도 지나면 배양을 끝낸 뒤 콤부차로 마시면 됩니다.
마실 때는 체로 막을 걸러내고 배양액만 따라 냉장 보관하면서 음용합니다.

활용법

콤부차는 냉장 보관하면서 평상시 차로 마시거나
식전 애피타이저 또는 식후 디저트 음료로 활용해도 좋습니다. 하루 100ml까지 마시면 됩니다.
발효가 많이 진행되어 신맛이 짙다면 물을 조금 넣어 희석하여 마시면 됩니다.
요즘처럼 대기 질이 좋지 않아 황사나 미세먼지가 많은 날에도 조금씩 마시면 좋습니다.

주의점

- 콤부차를 2주 이상 계속 두면 신맛이 깊어져 식초가 됩니다.
  배양이 완료되면 먼저 사용한 하얀 막은 건지고
  새로 생긴 하얀 막은 다음 콤부차 배양에 사용합니다.
- 발효 중 유리 용기를 흔들면 막의 생성이 불안전하니 흔들리지 않게 주의합니다.
  기포가 발생하는 것은 발효 중에 일어나는 현상으로 정상 발효 과정입니다.
- 차를 우릴 때 티백을 사용한다면 1L의 물에 티백 2~3개 정도 사용하고
  차의 농도 또한 기호에 따라 가감합니다.
- 하얀 막인 진액균막은 한 번 배양에 사용한 후 3~4회 정도 더 사용할 수 있으나
  새로 생긴 진액균막을 사용하는 것이 발효에 더 좋습니다.

No.18

초멸치 하나로 칼슘 걱정 끝

아이를 가진 엄마가 입덧을 합니다.
새로운 생명을 잉태하여 엄마의 몸에 호르몬 변화가 일어나는 것이지요.
구역, 구토 증상이 일고 한편으로는 먹고 싶은 것이 많아지기도 합니다.
하지만 막상 먹고 싶던 음식을 앞에 대령하면 정작 손도 대지 못하는 경우가 있습니다.
이러지도 저러지도 못하고 난감하기만 하지요.
이때 입맛에 당기고 그나마 먹을 만한 것이 생깁니다.
바로 신맛을 내는 음식 종류입니다.
자연의 섭리는 참으로 오묘하고 신기합니다.
새로운 생명을 잉태하였으니 더 많은 영양분을 공급받아야 한다고
엄마의 몸이 먼저 말을 합니다.

연령별 칼슘(일/mg) 1일 권장 섭취량

구분	1~2세	3~5세	6~8세	9~11세	12~14세	15~18세	19~29세	30~49세	50~64세	65~74세	75세 이상
남(mg)	500	600	700	800	1,000	900	750	750	700	700	700
여(mg)	500	600	700	800	900	800	650	650	700	700	700

• 임산부 : +280mg(930mg)
• 수유부 : +370mg(1,020mg)
※자료출처: 사)한국영양학회 한국인 영양소 섭취기준 1차 개정판, 2010

한국인 1일 권장 섭취 영양분 중 유독 부족한 영양분이 하나 있는데, 바로 칼슘입니다.
국민건강영양조사 결과를 보면 탄수화물, 지방, 단백질, 비타민 등
모두 1일 권장 섭취량을 초과하는데 비해
칼슘만큼은 항상 부족하게 섭취하는 것으로 나타납니다.
칼슘은 우리 몸의 뼈와 치아를 구성하는 주요 영양소입니다.
특히 한창 골격을 형성하는 성장기 어린이나 골다공증 위험도가 높은 폐경기 여성,
뼈 손실 가능성이 큰 노인들의 경우 칼슘 섭취가 매우 중요합니다.
임신부 또한 태아의 성장 발달과 태아를 키워낼 모체 조직을
충분히 만들기 위해 임신 전보다 더 많은 칼슘을 필요로 합니다.
아기에게 젖을 먹이는 수유부도 마찬가지로 칼슘을 충분히 섭취해야 합니다.●

●
칼슘을 지나치게 많이 섭취할 경우 철분, 아연 등의 흡수를 저해하고 고칼슘혈증을 일으킬 수 있어
하루에 2,000mg을 넘지 않는 범위 내에서 섭취할 것을 권합니다.

한국인의 1일 칼슘 평균 섭취량(mg)

성별	2007년	2010년	2013년
남(mg)	519.7	584.1	561.0
여(mg)	403.5	474.9	452.6

칼슘 권장 섭취량에 대한 섭취 비율(%)

연령	2007년		2010년		2013년	
	남	여	남	여	남	여
1~2세	74.1	64.0	103.5	95.4	112.2	98.3
3~5세	59.0	62.3	79.1	76.3	87.9	78.2
6~11세	63.6	56.1	71.6	63.2	74.5	65.6
12~18세	51.7	46.2	61.3	53.7	56.3	51.6
19~29세	71.3	55.9	72.7	69.1	72.9	69.4
30~49세	82.3	62.0	84.5	77.0	80.7	71.5
50~64세	76.1	49.6	87.3	70.8	80.5	68.5
65세 이상	62.0	41.4	71.2	53.5	67.9	49.3

※자료출처: 질병관리본부, 2008~2014

칼슘 섭취가 부족하면 영유아와 아동들의 경우
특히 골격의 석회화가 충분히 이루어지지 못하고 성장이 지연되며,
테타니(tetany 칼슘 경직), 구루병, 골연화증, 골다공증 등이 발생할 위험도 높아집니다.
칼슘은 뼈와 치아뿐만 아니라 혈액과 근육 등에도 존재합니다.
이때 칼슘은 생명 유지 활동에 관여하는데,
혈액 중에 칼슘이 부족하면 우리 몸은 부족한 칼슘을 뼈에서 가져다 씁니다.
이 또한 골다공증을 야기하는 원인이 되지요.
뿐만 아니라 칼슘 부족은 골격 질환, 순환기계 질환, 고혈압, 동맥경화, 고지혈증, 대장암 등
각종 만성 질환과도 연관이 있지요.

그러나 한국인의 1일 칼슘 평균 섭취량을 살펴보면
예나 지금이나 크게 변한 것이 없어 보입니다. 섭취량이 턱없이 부족한 상태이지요.
특히 성별에 따른 칼슘 섭취량을 비교해 보니
평균적으로 여자가 남자보다 약 100mg 이상 적게 섭취하고 있습니다.
골다공증 유병률은 여자가 남자보다 높은데도
평소 식사를 통해 공급받는 칼슘의 양은 여자가 훨씬 부족합니다.

칼슘 섭취 비율을 살펴보아도 1~2세 영아기를 제외한 전 연령층에서
권장 섭취량에 비해 실제 섭취 비율이 낮게 나타납니다.
특히 골격이 급격히 성장하는 청소년들과 골밀도가 급격히 낮아지는 노인 연령대에서
칼슘 섭취량이 권장량의 1/2 수준으로 매우 낮은 점이 눈에 띕니다.

칼슘의 섭취량이 낮게 나타나는 이유는 여러 가지가 있지만
가장 큰 원인은 흡수율에 있습니다.
아무리 칼슘 함량이 높은 우유나 멸치, 해조류 등을 섭취해도
우리 몸에 제대로 흡수되지 못하고 그대로 배출되면 큰 문제지요.

칼슘 흡수율을 높일 수 있는 비법이 바로 식초의 신맛에 있습니다.
칼슘은 장에서 잘 흡수되지 않는데,
식초에 들어 있는 구연산이 칼슘과 결합하면 흡수율이 매우 높아집니다.
칼슘이 식초에 용해되어 이온화, 즉 수용성 칼슘이 되면 흡수율이 상승되는 원리입니다.

칼슘이 들어 있는 식품을 식초와 함께 먹으면 같은 양의 음식을 먹어도
흡수율을 크게 높일 수 있다는 이야기입니다.
그러니 밥상에 좋은 식초를 조금 더하는 것만으로도
부족한 칼슘 섭취를 해결할 실마리가 보이는 거지요.

초멸치 만들기

초멸치 만드는 방법은 아주 간단합니다. 평상시 즐겨 먹는 멸치볶음에 식초만 몇 스푼 추가하면 됩니다.
요리법을 살짝 바꾸었을 뿐인데, 이것 하나만으로도 일거양득의 효과를 얻지요.
멸치의 비린내도 잡고 '칼슘의 왕' 멸치로부터 오는 칼슘도 온전히 내 몸에 흡수하도록 합니다.
어린이 성장 발육을 돕고, 폐경기 여성의 골다공증도 예방할 수 있는 비법 중의 비법입니다.

잔멸치 2컵
식초 2큰술
식용유 1큰술
물엿 4큰술
다진 마늘 1큰술
통깨 1큰술

1 윤기 나고 품질 좋은 잔멸치를 골라 체에 넣고 살짝 흔들어 가루를 털어냅니다.

↘ 이렇게 하면 타지 않게 볶을 수 있습니다.

2 중간 정도의 불로 팬을 달구어 멸치를 3분 정도 말린다는 느낌으로 볶아줍니다. 이때 기름은 두르지 않습니다.

3 볶은 멸치를 체에 넣고 한 번 더 가루를 털어냅니다.

4 사용한 팬은 키친타올 등으로 닦아 내고 식용유를 1큰술 둘러 다진 마늘을 살짝 볶아 줍니다.

5 여기에 먼저 볶아놓은 멸치를 넣고 다시 살짝 볶아 준 후 불을 끕니다.

6 식초 2큰술과 물엿 4큰술을 혼합하여 볶은 멸치 위에 뿌려주고 통깨도 같이 뿌려 골고루 섞어 볶은 초멸치를 완성합니다.

↘ 식초를 그대로 뿌리면 멸치가 눅눅해질 수 있으니
물엿과 미리 혼합해 점도를 높인 후 멸치에 뿌려 골고루 섞어줍니다.

TIP

볶은 초멸치에 통깨뿐 아니라 땅콩이나 호두 등 다양한 견과류를 넣으면
고소한 맛을 즐길 수 있습니다. 물엿 대신 올리고당을 사용해도 됩니다.

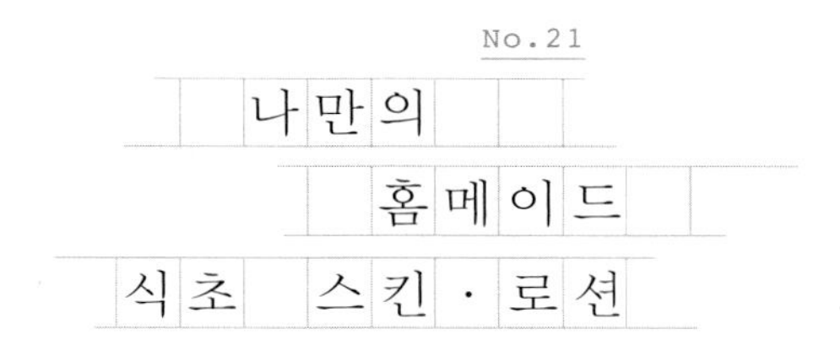

피부에 자극을 주지 않으면서 영양과 수분 공급, 주름 예방까지 할 수 있다는
화장품이 다양하고 새롭게 개발되고 출시됩니다.
특히 요즘에는 약산성 화장품이 유독 주목받지요.
피부를 건강하게 보호하는 데 산도가 중요하다는 사실이 많이 알려졌기 때문일 겁니다.

시중에 출시되는 대부분의 약산성 화장품들은 화장품 원료의 약산성 상태를 유지하기 위해
디소듐포스페이트(Disodium Phosphate), 시트릭애시드(Citric Acid),
스테아릭애시드(Stearic Acid) 등 수많은 화합물을 산도 조절제로 사용합니다.
문제는 이러한 화합물 원료를 지속적으로 피부에 사용하면
우리 피부의 안전을 보장할 수 없다는 점이지요.

자연발효된 천연식초는 약산성 화장품의 산도를 조절할 수 있는 훌륭한 방법이면서
동시에 내 피부에 가장 순하게 어우러지는 재료입니다.
천연의 아미노산과 구연산이 풍부하여
새로운 화장품의 산도 조절제로 활용될 수 있지요.

고가의 화장품이 피부 미인을 만드는 유일한 방법은 아닙니다.
직접 나만의 천연 화장품을 만들어 보세요.
화장품은 만들어 사용하기 어렵다고 생각하지만,
막상 직접 시도해 보면 만들기도 쉽고 사용감과 효과도 좋아 놀라게 됩니다.

여기서는 자연발효식초를 활용하여 기초 화장품인 스킨과 로션 만드는 법을 소개합니다.
준비물은 각자 피부에 맞도록 그 양을 조금씩 조절해도 무방합니다.

천연 유자식초 스킨 만들기

어느 70대 할머니가 방송에 동안으로 소개되었습니다.
건강하고 촉촉한 피부를 유지해 온 비결이 직접 만든 레몬스킨을 20년 넘게 사용해 왔기 때문이라더군요.
비타민C가 풍부한 레몬은 피부 영양에 아주 좋은 화장품 재료입니다.
다만 대부분 수입산으로 방부제 범벅인 레몬보다 비타민C 함유량이 3배 이상 높은 우리나라 유자를 활용하는 건 어떨까요?
유자와 식초를 이용해 천연 스킨 만드는 법을 소개합니다.

• 스킨 100g 분량

정제수 91g
유자식초 5g
글리세린 2g
히알루론산 1g
비타민E 1g

1 스킨 만들 도구들을 에탄올로 닦거나 중탕하여 소독합니다.

2 정제수 91g을 계량하고 30도까지 살짝 가열한 뒤
유자식초 5g, 글리세린 2g을 추가하여 혼합해 줍니다.

3 혼합된 액에 비타민E 1g과 히알루론산 1g을 추가하여
골고루 섞은 후 스킨 용기에 담아 두고 사용합니다.

4 천연 식초 스킨은 되도록 냉장 보관하며 사용하길 권합니다.
만든 후 3~4개월까지 사용할 수 있습니다.

활용법

● 식초 스킨은 미스트로도 사용 가능합니다. 에센셜 오일을 3~5방울 첨가할 경우, 사용할 때 가볍게 흔들어 뿌려주면 됩니다.

● 기존에 사용하던 스킨과 병행하여 사용한다면 식초 스킨을 먼저 바른 후 기존 스킨을 덧발라 줍니다. 촉촉한 보습 효과가 두 배가 됩니다.

글리세린은 피부 보습제로 보습 역할이 뛰어나지만 건조한 곳에서
과다하게 사용할 경우 오히려 피부의 수분을 뺏을 수 있으니
화장품 재료로 사용할 경우 용량의 2%를 넘지 않은 수준으로 사용하는 것이 좋습니다.

히알루론산은 사람의 피부 진피층에 분포하고 있는 다당류 물질의 한 종류로
수분을 끌어당기는 힘이 강해 살아있는 세포에 영양분을 전달하는 윤활제 역할을 합니다.
피부 조직을 건강하게 가꾸어주며 피부에 수분이 증발하는 것을 막고
동시에 피부가 수분을 함유하도록 도와줍니다.

비타민E는 항산화 작용으로 화장품의 천연 방부제 역할을 하며
손상된 피부를 재생시키고 피부 세포막을 보호해 노화 예방에 효과적입니다.
피부 깊숙이 흡수되어 주름을 예방하는 데도 좋습니다.

천연 식초 로션 만들기

• 로션 100g 분량

유상층

미강유 5g
호호바 오일 7g
올리브 유화왁스 5g

수상층

정제수 77g
곡물식초 5g

첨가물

라벤더 오일 5방울
비타민E 1g

1 로션을 만들 도구들을 에탄올로 닦거나 중탕하여 소독합니다.

2 유상층인 미강유 5g, 호호바 오일 7g, 올리브 유화왁스 5g을 계량하여 섞어줍니다.

↘ 유상층은 식물의 씨앗이나 열매 등에서 추출한 베이스 오일 등을 말하며 보습력이 높아 로션이나 크림을 만들 때 많이 사용합니다. 피부 타입에 맞게 선택하여 사용합니다.

3 수상층인 정제수 77g에 곡물식초 5g을 계량하여 넣어 줍니다.

↘ 수상층은 화장품 만들 때 사용되는 정제수나 미량의 미네랄 성분과 추출물이 함유된 워터류를 말합니다.

4 유상층과 수상층을 각각 65도 정도 따뜻하게 가열하여 줍니다.

5 가열된 유상층에 같은 온도로 가열된 수상층을 넣은 후 골고루 섞이도록 교반하여 유화시켜줍니다.

6 비타민E 1g 과 라벤더 오일 5방울을 넣고 저어 로션 용기에 담아 사용하시면 됩니다.

7 천연식초 로션은 되도록 냉장 보관하길 권합니다. 만든 후 3~4개월까지 사용할 수 있습니다.

미강유는 쌀겨에서 추출한 기름으로 비타민A와 미네랄이 풍부하고 보습 효과가 좋으며 노화 방지에도 좋은 오일입니다.

호호바 오일은 인디언들이 사용한 오일로 잘 알려져 있으며 사람의 피지와 유사한 구조를 가지고 있어 쉽게 피부에 흡수되고 피부 보호막을 형성하는 장점이 있습니다.
또한 건성, 지성, 민감성 피부 등 모든 피부 타입에 적합하며
분자의 안정성이 높아 장기 보존이 가능합니다.

PART 6

집에서 천연식초 만들기

모든 식초는 술에서 오고 술은 당분에서 옵니다.
당분 함량에 따라 알코올 도수가 결정되고 식초의 신맛도 결정되지요.

그렇다면 모든 술이 식초가 될까요?
그건 또 그렇지 않습니다.
쉽게 생각해서 여름날 막걸리는 바깥에 두었더니 금방 시어졌는데,
소주나 와인, 청주는 시어지지 않고 그대로입니다.

모든 식초가 술에서 오지만,
모든 술이 식초를 만드는 것은 아니지요.
식초가 되는 발효 과정에는 갖추어야 할 조건이 있습니다.

곡물이든 과일이든 발효식초를 만들려면
먼저 당분을 이용해 알코올 발효를 거치고 다시 초산 발효를 거쳐야 합니다.
이는 자연발효식초를 만드는 가장 기본적인 발효 방법입니다.

No.22

모든 식초는 술에서 온다

자연발효식초는 어떻게 만들어질까요?
옛사람들은 식초를 고주(古酒)라 하여 '술이 오래된 것'이라 했습니다.
그렇다면 우리가 평상시 즐겨 마시는 술을 그냥 오래 놔두면 식초가 되는 걸까요?

모든 식초는 술에서 옵니다.
술이 아닌 상태에서 식초가 되는 것은 없습니다.
그렇기에 우리가 식초를 만들려면 반드시 술을 먼저 만들어야 하지요.
혹자는 이야기합니다.
감식초는 감이 홍시가 되었다가 시간이 지나면서 물러 터져 식초가 되지 않느냐고요.
감이 홍시가 되었다가 식초가 되는 것은 맞습니다.
다만 그 사이 알코올 발효가 먼저 일어납니다.
알코올 발효를 통해 술이 되자마자 식초를 만드는 초산균에 의해
바로 식초로 바뀌기 때문에 사람이 이 과정을 느끼지 못할 뿐이지요.
우리 눈에 보이는 것이 전부가 아님을 이를 통해서도 깨닫지요.

식초를 만들기 위해서는 술을 먼저 만들어야 되는데,
그렇다면 술은 어떻게 만들까요?
모든 술은 당분에서 옵니다.
즉, 당분이 있으면 술이 될 수 있습니다.
우리가 즐겨 마시는 와인은 포도의 당분이 발효되어 포도주가 된 것입니다.
맥주는 보리의 당분이 발효된 것이고, 청주는 쌀의 당분이 발효되어 술이 된 것입니다.
당분이 많으면 알코올 도수가 높은 술이 되고 당분이 낮으면 도수가 높지 않은 술이 됩니다.

와인의 품질을 결정하는 중요 요소 중 하나인 빈티지(vintage)는
바로 포도 생산년도를 가리킵니다.
비가 많이 와 포도의 당도가 낮았던 해에 수확한 포도주는
맛과 향이 덜하고 알코올 도수도 떨어져 제대로 된 와인으로 평가받지 못하지요.
이에 반해 포도 수확 시기에 햇볕이 잘 들고 습도가 낮아
포도의 당도가 높았던 해의 포도주는 최고의 품질로 평가받습니다.
그만큼 포도의 당도가 와인의 품질을 결정하는 핵심 요소가 됩니다.
우리나라의 경우 지역 특성상 당도가 높은 포도가 생산되지 않습니다.
그렇기에 켐벨 포도를 이용해 와인을 만들 때에는 대부분 인위적으로 당분을 추가해
적당한 알코올 도수에 이를 수 있도록 발효시킵니다.
청주도 마찬가지입니다.
쌀을 고두밥으로 찌고 여기에 추가되는 물의 양에 따라 알코올 도수가 결정됩니다.
물을 많이 넣어 발효시키면 알코올 도수가 낮아지고
물을 적게 넣으면 알코올 도수가 높아지지요.

우리가 알고 있는 막걸리는 원래 청주를 빚고 난 후 찌꺼기를 활용한 술입니다.
술을 만들고 알코올 발효가 끝나면 고두밥이 모두 바닥으로 가라앉아
윗부분은 맑은 청주가 되는데, 옛 어르신들은 이렇게 청주는 청주대로 술로 마시고
바닥에 남아 있는 술지게미에 물을 부어 또 술을 만들어 먹었습니다.
술지게미에 물을 부어 막 걸렀다고 해서 막걸리라는 이름이 붙었습니다.
물을 더 첨가했으니 당연히 알코올 도수는 낮아졌겠지요.
또한 막 거르다 보니 술이 상당히 탁해 '탁주'라고도 했습니다.
어찌 되었건 모든 식초는 술에서 오고 술은 당분에서 옵니다.
당분의 함량에 따라 알코올 도수가 결정되고요.

우리가 먹던 막걸리를 따뜻한 여름날 바깥에 그대로 두면 어떻게 될까요?
불과 몇 시간만 지나도 시큼해지겠지요?
그러면 우리는 막걸리가 맛이 갔다고 생각해서 버리지 않습니까?
식초를 만드는 사람은 그 막걸리를 버리지 않습니다.
그대로 계속 두어 신맛이 더 시어지도록 내버려 둡니다.
그렇게 해야 좋은 식초를 만들 수 있기 때문이지요.
이렇듯 식초는 적당한 당도와 알코올 도수가 갖춰진 상태에서 초산균에 의해
자연발효되면서 만들어집니다.
식초는 이렇게 만들어집니다.
모든 과정이 자연 속에서 이루어집니다.
사람이 억지로 만들지 않습니다.
적당한 조건 속에서 자연이 만들고,
사람은 단지 식초가 될 수 있도록 심부름꾼 역할을 할 뿐입니다.

식초 PLUS

자연이 하는 일, 초산 발효

식초는 술이 시어 만들어집니다. 술 성분인 에틸알코올이 산화되어 초산을 만들면서 식초가 되는데, 이를 '초산 발효'라고 합니다. 초산균이 공기와 만나 에틸알코올을 함유한 술에 배양되면서 바로 초산이 생성되는 것입니다.
이 초산균은 130여 년 전 프랑스의 파스퇴르에 의해 세상에 알려졌습니다. 파스퇴르는 초산 발효가 미생물에 의해 일어나며 초산 발효에 관여하는 균이 바로 알코올을 산화하는 능력이 강한 아세토박터 미생물이라는 사실을 밝혀냈지요.
초산 발효는 자연이 하는 일입니다. 적당한 조건과 환경이 갖추어지면 미생물의 활동으로 자연스럽게 일어납니다. 사람이 할 일은 무엇일까요?
적당한 조건과 환경을 만들어 주는 일입니다. 그리고 기다리는 일입니다.

그런데 모든 술이 식초가 될까요?

그건 또 그렇지 않습니다.

쉽게 생각해서 여름날 막걸리는 바깥에 두었더니 금방 시어졌는데,

소주나 와인, 청주는 어떤가요?

쉽게 시어지나요?

아마 시어지지 않고 그대로일 것입니다.

모든 식초가 술에서 오지만,

모든 술이 식초를 만드는 것은 아닙니다.

적당한 알코올을 함유한 술만이 식초가 되지요.

식초가 되기 위해서는 몇 가지 조건이 필요합니다.

소주나 와인이나 청주는 알코올 도수가 높아 곧바로 식초가 되지 않습니다.
식초는 초산균•이라는 미생물이 술을 산화시켜 식초로 바뀌게 하는 것인데,
이 초산균은 알코올 도수가 지나치게 높으면 살 수 없지요.
초산균이 잘 성장할 수 있는 알코올 도수는 막걸리처럼 도수가 낮아야 합니다.

알코올 도수가 적당해야 합니다.

막걸리는 보통 알코올 도수가 6~7도입니다.
식초는 알코올 도수 4~8도에서 발효가 잘 일어납니다.
알코올 도수가 4도가 되지 않으면 신맛의 강도가 약하고,
또 알코올 도수가 8도를 넘어가면 발효가 더디거나 잘 일어나지 않습니다.
만약 소주나 청주, 와인을 이용해 식초를 만들고자 한다면
물을 추가하여 알코올 도수를 낮춰주는 방법이 있습니다.
예를 들어 알코올 도수가 12도인 와인으로 와인식초를 만들고 싶다면
와인과 같은 양의 물을 넣어 알코올 도수를 6도로 떨어뜨린 후 따뜻하게 둡니다.
그러면 금방 시어져 쉽게 와인식초를 만들 수 있게 됩니다.
마찬가지로 청주를 이용해 식초를 만들고 싶다면 똑같이 물을 추가하여
알코올 도수를 초산균이 좋아할 수 있는 4~8도 상태로 만들어 주면 됩니다.

•
초산균 아세토박터 박테리아라는 미생물로 알코올을 산화시키고 식초를 만듭니다.

당분이 적당해야 합니다.

그럼 식초로 잘 발효될 수 있는 술을 만들기 위해서는 술의 재료가 되는 원료에
당분이 어느 정도 있어야 할까요?
보통 우리는 과일이나 곡물 등에 포함되어 있는 당분을 측정할 때
브릭스(brix)•라는 단위를 사용합니다.
포도를 이용해 알코올 12도 이상의 품질 좋은 와인을 만들려면 포도의 당도가
24브릭스 이상 되어야 합니다.

식초를 만들기 위해서는 알코올 도수가 4~8도, 보통 6도 정도가 되어야 합니다.
그러니 식초가 되는 재료의 당도는 12브릭스 이상이면 충분하지요.
원재료의 당 농도에 의해 알코올 도수가 결정되고 알코올 농도에 의해 식초의 신맛이
결정되기 때문에 당의 농도는 식초 만들기에 매우 중요하고 기본이 되는 요소입니다.
식초의 감칠맛을 결정하는 중요한 요소 또한 바로 당의 농도입니다.

과일 중 잘 익고 맛있는 사과의 당도는 대략 14브릭스입니다.
포도는 15브릭스, 배는 13브릭스, 복숭아는 12브릭스 정도로 산출되지요.
식초를 만들 때 사과나 포도나 배, 복숭아 등의 과일은
아무런 첨가물 없이 과일 자체만으로도 쉽게 식초를 만들 수 있습니다.
예를 들어 사과의 당도가 14브릭스이고, 이 상태로 알코올 발효가 일어나면
대략 7도 정도의 알코올이 생산됩니다. 알코올 7도 정도면 초산 발효가 아주 잘 일어나서
산도 6도 이상의 좋은 사과식초를 만들 수 있습니다.
물론 같은 과일이라도 어떻게 재배되느냐에 따라, 품종에 따라 당도가 조금씩 다르겠지만
맛있는 과일이 결국 맛있는 식초가 되는 것임에는 틀림없습니다.

•
브릭스(brix) : 액체에 있는 당의 농도를 대략적으로 정하는 단위입니다. 어떤 용액 100g에 1g의 당이 포함되어 있으면 1브릭스, 2g의 당이 포함되어 있으면 2브릭스가 됩니다.

그렇다면 당도가 약한 과일을 이용해 식초를 만들고 싶다면 어떻게 할까요?
간단합니다. 당도를 높이면 됩니다.
당도가 약한 과일에 설탕이나 꿀, 올리고당, 조청 등 단맛을 추가하는 것이지요.
예를 들어 토마토는 단맛이 많지 않은 채소류입니다.
토마토의 경우 당도가 약 5브릭스 안팎입니다. 토마토로 식초를 만들고 싶어도
당도가 약해 그대로는 발효가 되지 않고 부패하기 쉽습니다.
사과의 당도가 14브릭스이니 토마토는 사과에 비해 당도가 약 9브릭스 정도 부족합니다.
이 부족한 9브릭스를 설탕이나 꿀, 올리고당, 조청 등을 추가하여 14브릭스로 맞춰주면
토마토 식초를 만들 수 있는 조건이 충족됩니다.

10kg의 토마토를 이용해 식초를 만든다고 가정해 볼까요?
당도를 5브릭스에서 14브릭스까지 끌어올려야 하기에,
이 경우 9브릭스 분량의 당을 추가해야 합니다.
1브릭스는 100g 중 1g의 당분이 포함된 것을 뜻합니다.
그렇다면 5브릭스 당도인 토마토 10kg(10,000g) 중에는 당분 500g이 포함되어 있겠지요.
여기에 우리가 인위적으로 9브릭스 분의 당분을 추가해야 합니다.
즉, 10kg의 토마토에 900g의 당분을 추가해야 당도를 14브릭스로 맞출 수 있습니다.
설탕의 경우 보통 1.1배를 넣어야 브릭스 공식의 당 분량에 맞습니다.
900g의 1.1배이니 990g의 설탕을 추가하여 넣어야
토마토 10kg의 당도를 14브릭스로 맞출 수 있습니다.

설탕으로 당을 추가하는 것이 아니라면
추가되는 당 종류의 농도를 먼저 알고 있어야 합니다.
꿀의 경우 설탕 단맛의 90%, 올리고당은 60%, 조청은 70% 정도 됩니다.
설탕보다 단맛이 약한 올리고당으로 부족한 9브릭스를 보충하려면
설탕처럼 1.1배가 아니라 2배에 달하는 양이 되므로 약 2kg을 보충해야 합니다.
이것저것 계산하기 복잡하면 당도측정기를 활용합니다.
토마토즙에 설탕이나 꿀, 올리고당, 조청 같은 당분을 조금씩 넣으면서
중간중간 당도를 측정합니다. 14브릭스에 도달할 때까지 조금씩 계속 넣으면 됩니다.

TIP

당도측정기를 활용하세요

당도를 측정하기 위해서는 당도측정기라는 도구가 필요합니다.
빛의 굴절을 통해 액체 속에 포함되어 있는 당을 수치로 읽어 나타내는데,
숫자로 표현하는 디지털 당도계도 있고 빛의 굴절을 눈금으로 알 수 있는 굴절 당도계도 있습니다.
보통 2만 원대의 저렴한 굴절당도계만 있어도 충분합니다.
군인에게 소총이 필수이듯 당도계 또한 발효하는 사람에게 반드시 필요한 도구입니다.

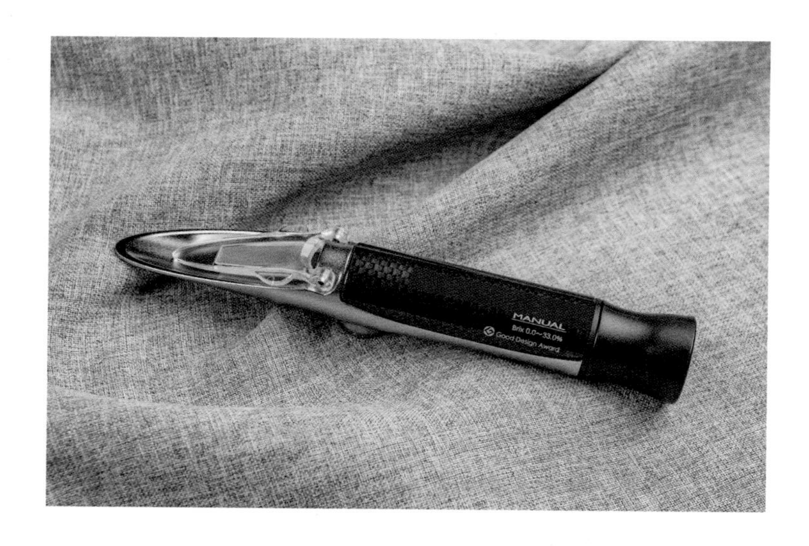

누룩과 물, 곡물을 섞으면 알코올 발효가 일어난다.

식초는 어떻게 만들어질까요?

당의 농도가 적당하다면 식초를 만들고자 하는 과일을 믹서로 곱게 갈아 즙 상태를
만들어줘야 합니다. 즙 상태가 되어야 알코올 발효와 초산 발효가 잘 일어나기 때문입니다.
사과나 배, 복숭아의 경우 깨끗이 씻어 물기를 없앤 후 씨앗 부분을 도려내고 과육 부분만
믹서로 곱게 갑니다. 때로는 씨앗 자체에 독소가 있는 과일도 있고,
그렇지 않더라도 씨앗까지 같이 갈면 발효가 완성된 후 식초에서 쓴맛이 날 수 있습니다.
포도의 경우 씨앗 제거가 쉽지 않으니 포도송이 그대로 손으로 짓이겨 즙을 냅니다.
포도 씨앗과 찌꺼기는 술이 다 되었을 때 걸러냅니다.

효모가 술을 만듭니다.(알코올 발효)

곱게 간 과즙은 공기 중의 술을 만드는 효모균에 의해 발효가 일어나
가만히 두어도 술이 되어갑니다. 하지만 우리는 조금 더 잘 발효시키기 위해
인위적으로 무언가를 넣어줍니다. 바로 효모입니다.

공기 중의 효모에 의해서도 술이 될 수 있으나
공기 중의 효모는 야생 효모이며 불량 효모입니다.
술을 만들기는 하되 쓴맛도 나고 발효 효율도 떨어지는 미생물이라
먼저 잘 선별해 놓은 효모를 사용하는 것이지요.
우리가 빵을 만들 때 사용하는 이스트가 바로 효모입니다.
사용하는 양은 술 양의 0.1% 정도면 충분합니다.
토마토 10kg의 경우 효모는 10g 정도로,
티스푼으로 2스푼 정도만 넣어 골고루 저어주면 됩니다.
이때 발효 용기의 뚜껑은 반드시 느슨히 닫아야 합니다.
과일이 발효되면서 알코올과 이산화탄소, 열이 발생하는데,
이때 발효 통을 꽉 닫아 밀폐를 하면 발생되는 이산화탄소 가스로 인해
발효 용기가 터질 수 있기에 주의해야 합니다.

발효하기 좋은 온도로 맞춰줍니다.

보통 주변 온도가 20도 넘어가는 환경의 경우 일주일이면 알코올 발효가 끝납니다.
주변 온도가 낮으면 알코올 발효 기간이 길어지고 온도가 높으면 발효 기간이 짧아지는데
10도 미만과 40도 이상에서는 발효 효율이 급격히 떨어지니 주의해야 합니다.
발효의 가장 적당한 온도는 20~25도입니다.
일주일 후 알코올 발효가 끝난 상태로 계속 두면
발효하고 남은 과즙 건더기가 공기 중에 노출되어 곰팡이가 발생할 수 있습니다.
알코올 발효가 끝나면 술이 된 과즙을 빨리 거름망으로 걸러
맑은 술만 식초가 될 수 있도록 준비합니다.
여기까지가 식초를 만들기 위한 전 단계인 '술 만드는 과정'입니다.

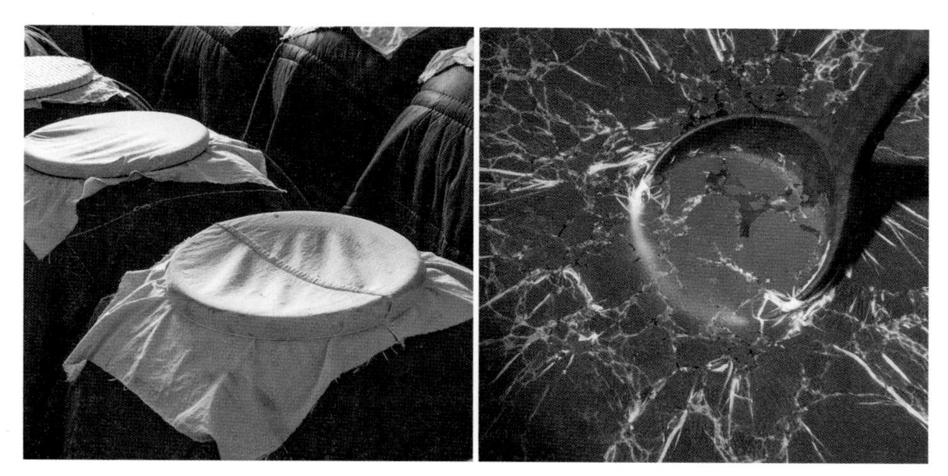

공기가 통하도록 면포를 씌워 초산 발효를 하면 살얼음처럼 초산막이 생긴다.

공기를 통하게 하여 초산 발효합니다.

이제부터는 본격적으로 식초를 만들어 보겠습니다.
막걸리가 따뜻한 여름날 잘 시어지듯이 술을 시어지게 하고
식초를 만드는 초산균은 따뜻하고 공기가 잘 통하는 곳에서 잘 자랍니다.
초산균처럼 공기를 좋아하는 균을 호기성균이라 부르지요.
식초를 만들기 위해서는 여과된 과일 술을 유리병이나 항아리에 넣고
초산균이 좋아할 수 있도록 공기가 잘 통하는 거즈나 면포를 씌웁니다.
이때 발효되는 과정에서 냄새로 인해 초파리나 해충들이 많이 꼬이게 되니
거즈나 면포는 반드시 고물줄로 동여매어 해충이 들어가지 못하게 해야 합니다.
이제 초산 발효 유리병이나 항아리를 옛날 우리 할머니께서 식초를 만드신 것처럼
빛이 없는 어둡고 따뜻한 곳에 가만히 둡니다.
이렇게 가만히 두면 서서히 술이 쉬어 신맛이 강해지지요.
그렇게 식초가 되어가도록 기다리면 됩니다.

시간이 식초를 만듭니다.

식초의 발효 기간은 술의 양, 주변 온도, 발효 용기의 상태 등
주변 여러 요소에 따라 달라집니다.
보통 섭씨 30도 정도의 따뜻한 환경에서 10L 분량의 술을 이용해
식초를 만든다면 약 2개월 정도 후에 식초를 맛볼 수 있습니다.
술의 양이 많거나 온도가 30도 이하로 낮으면 발효 시간이 길어집니다.
양이 적고 온도가 30도 이상의 따뜻한 환경이면 발효 시간이 상대적으로 짧아집니다.

종초가 초산 발효를 돕습니다.

초산 발효는 술 표면에 초산균이 하얀 막을 형성하며 식초가 되어 가는 과정입니다.
이 거미줄 같이 하얀 막이 알코올을 공기와 접촉시켜 신맛의 식초로 바뀌게 합니다.
문제는 술 표면의 하얀 막이 전부 초산균은 아니라는 점입니다.
알코올만 소비시키는 산막 효모부터 젖산균막, 잡균막 등
식초가 되는 것을 방해하는 다양한 균들이 많습니다.
이렇게 초산균이 아닌 다른 균막이 생기면 식초가 제대로 만들어지지 않습니다.
잡균 오염을 방지하기 위해 종초를 초산 발효 전에 조금 넣습니다.
종초는 따로 있는 것이 아니라 먼저 잘 발효된 좋은 식초입니다.
종초의 역할은 깨끗한 술에 산막 효모나 잡균 등의 균이 우점•하여
번식하기 전에 우수한 초산균을 많이 함유한 잘 발효된 식초를 미리 첨가해줌으로써
초산균이 우점할 수 있도록 하기 위한 방법입니다.
잡균에 오염되기 전에 초산균이 먼저 번식하여 잡균의 침투와 번식을 막아주는 것이지요.
종초는 알코올 발효가 끝나고 여과하여 초산 발효에 들어가기 바로 전에 넣으며,
사용량은 술 양의 최소 10% 정도 추가해 주면 됩니다.
사과술 10L이면 종초는 1L 정도 부어주면 되지요.

•
우점 생물 군집에서 군 전체의 성격을 결정하고 그 군을 대표하는 것을 말합니다.

종초는 시중에 판매되는 잘 발효된 천연식초를 사용하면 됩니다.
사과식초를 만들려면 사과식초 종초를 사용하고
현미식초를 만들려면 현미식초 종초를 사용합니다.
만약 어떤 식초를 만드는데, 해당되는 재료의 종초가 없다면
곡물식초를 종초로 사용합니다. 과일식초의 경우, 과일 자체의 강한 맛과 향이
내가 만들려고 하는 식초의 고유한 풍미를 해칠 수 있기 때문에
독특한 향이 없는 곡물식초를 사용하는 게 좋습니다.

종초를 넣은 후 식초를 만들면 조금 더 쉽게 초산균의 번식을 도울 수 있습니다.
그렇더라도 워낙 잡균들의 힘이 강하기 때문에
우리는 잡균 번식을 방해할 필요가 있습니다.
초산 발효에 들어간 후 일주일가량 술 표면을 저어주거나 흔들어 주는 것이지요.
이 동작은 초산균의 적인 산막 효모나 잡균이 먼저 표면에 막을 형성할 수 없도록
막을 흐트러뜨리는 것입니다. 혹자는 이 동작이 초산균의 공기 접촉을 돕기 위해서라고
하지만, 그것보다 잡균 번식을 막기 위한 동작으로 보는 것이 맞습니다.
이렇게 일주일 정도 저어주거나 흔들어 잡균 막 형성을 방지하는 사이 우리의 초산균은
점점 잡균에 대한 대응력이 강해져 일주일 뒤에는 좋은 초산균막이 형성되고
결국 잘 발효된 좋은 식초 맛을 볼 수 있게 해줍니다.
총 발효 기간이 2개월 정도라면 초기 1주 정도만 저어주거나 흔들어 주고 나머지 7주는
좋은 초산균이 표면에 막을 형성하여 잘 자랄 수 있도록 가만히 두어야 합니다.

충분히 숙성시켜야 좋은 식초가 됩니다.

식초의 신맛이 가장 강해지고 발효의 정점이 지난 후,
그러니까 따뜻하고 공기가 잘 통하는 발효 조건 그대로 2개월이 지난 후에도
발효 유리병이나 항아리를 계속 그대로 두면 어떻게 될까요?
초산 발효는 알코올을 소비하여 신맛의 식초로 바꾸는데 남아 있는 알코올이
더 이상 없는, 모두 소비하는 시점이 발효의 정점이라 볼 수 있습니다.
초산 발효의 재료인 알코올이 없는 상태로 계속 발효를 진행시키면
알코올 대신 초산이 소모되어 결국 신맛이 떨어지고 잡균이 다시 번식하여 오염됩니다.
이러한 과정에서 식초는 쿰쿰한 냄새를 풍기며 부패하거나 그냥 맹맹한 물이 되어갑니다.

"식초는 그냥 바깥에 두어도 괜찮지 않나요?"
"식초도 부패되고 썩나요?"
가끔 이런 질문을 받습니다. 네, 맞습니다. 식초도 부패하고 썩습니다.
식초는 발효식품이지요. 발효는 부패와 같은 말입니다.
사람에게 이로운 미생물이 번식하면 발효가 되고
사람에게 해로운 미생물이 번식하면 부패가 되는 겁니다.
결국 사람의 먹을거리는 미생물이 살아 있어 발효되거나 부패되지요.
발효도, 부패도 되지 않는 음식이라면 당연히 사람의 먹을거리가 될 수 없습니다.

우리가 알고 있는 일반 식초의 경우 아세트산인 초산이 주성분이라 발효균이든 부패균이든
미생물이 활동할 수 있는 조건이 되지 않아 바깥에 두어도 큰 영향이 없습니다.
이 책에서 우리가 만들고자 하는 식초는 천연식초이지요.
발효를 통해 아미노산과 구연산 등 각종 유기산과 영양분을 함유하고 있습니다.
이러한 조건은 사람뿐 아니라 미생물도 좋아하는 환경이 되지요.
그래서 발효가 일어나고 정점이 지나면 부패가 진행되는 것입니다.

발효와 부패는 같은 이치의 자연 현상입니다.
발효가 부패로 넘어가기 전 부패를 방지하고 식초의 풍미를 최고로 높이고
몸에 이로운 성분을 최상으로 유지하고자 우리는 숙성이라는 단계를 거칩니다.
발효가 정점에 이르고 가장 신맛이 강해졌을 때 바로 숙성 단계로 넘어가지요.
숙성은 식초의 맛을 부드럽게 하고 유기산 함량을 높이며 풍미를 좋게 하는 과정입니다.
또한 미생물의 활동을 정지시키는 과정이지요.

숙성의 방법은 발효의 방법과 반대입니다.
발효가 초산균이라는 미생물을 증식하는 과정이라면
숙성은 초산균의 증식을 막고 지금의 상태 그대로 계속 유지하도록 하는 과정입니다.
초산균은 공기를 좋아하고 따뜻한 온도를 좋아하는 균이니
숙성은 반대로 공기를 차단하고 냉장 보관하면 되지요.
이러한 공기 차단과 냉장 보관을 통해 식초의 신맛 강도는 그대로 유지되며
각종 유기산이 높아지고 풍미가 개선됩니다.

숙성은 빛이 없는 어두운 곳에 공기가 차단되고
섭씨 15도를 유지하는 것이 최적의 조건입니다.
이 상태로 6개월 이상 지나면 정말 좋은 식초를 맛볼 수 있지요.
하지만 각 가정에서 이러한 조건을 갖추기 쉽지 않으니
우리는 그냥 뚜껑을 꼭 닫아 냉장고에 보관합니다.
숙성이 끝난 식초는 요리나 음식에 넣거나 식초 음료로 맛있게 먹기만 하면 됩니다.
이렇게 냉장고에 보관하는 것 자체가 숙성의 일부가 될 수 있습니다.

No.24

유기산이 풍부한 과일식초 만들기

사과식초 만들기

사과식초는 아메리카 대륙에 처음 온 영국 이주민들이 사과나무를 많이 심어
사과 생산이 번창한 미국에서 인기 있는 식초입니다.
시원하고 상쾌한 맛과 사과의 달콤한 향이 특징인 사과식초는 사과의 과즙을 발효시켜 만드는데,
채소와 궁합이 좋기 때문에 샐러드에 잘 어울리며 벌꿀 등을 첨가해 드링크 음료로 즐길 수도 있지요.
특히 비타민C가 풍부하고 수용성 식이섬유인 펙틴이 풍부하여 피부 미용에 효과가 좋고
혈관 내 콜레스테롤을 조절하여 동맥경화 예방에도 좋습니다.

사과 5kg
효모 5g
종초 500ml
믹서
유리병(5리터용) 1개
면포 1장
거름망 1장

1 사과의 선별

사과는 품종에 관계없이 충분히 완숙되고 당분 함량이 높으며, 흠이 없고 부패하지 않은 것을 선별하여 흐르는 물에 깨끗이 씻은 후 물기가 전혀 없도록 수분을 닦아 냅니다. 당도가 낮은 사과를 사용하면 발효할 때 부패의 우려가 있고 발효가 완료되더라도 신맛이 약하며 풍미가 낮은 식초가 될 가능성이 있지요. 당도 높고 맛좋은 사과가 좋은 식초가 되는 것은 당연한 이치입니다.

2 유리병 안치

물기를 없앤 사과는 칼로 4등분 한 후 중간의 씨앗 부분을 도려내고 껍질째 믹서에 곱게 갈아 유리병에 넣습니다. 씨앗을 같이 갈면 쓴맛과 함께 사과식초의 풍미를 해치는 데다 독소가 있을 수 있어 사과의 껍질과 과육만 사용합니다.

3 효모 첨가

사과 껍질이나 공기 중에도 야생 효모균이 있어 알코올 발효가 가능하지만
효모균을 넣어주면 왕성한 발효가 일어나고 효율도 상승시킬 수 있습니다.
보통 원료 대비 0.1% 정도의 양을 사용합니다.
여기서는 5g 정도 첨가해 사과즙과 같이 섞습니다.
효모균은 시중에서 빵을 만드는 데 사용되는 이스트를 구매해 사용해도 무방합니다.

4 알코올 발효

이스트를 넣고 나면 알코올 발효가 일어나는데
발효 중 이산화탄소의 가스 배출이 가능하도록 유리병 뚜껑은 완전히 닫지 말고
조금 열어 둔 상태에서 그늘지고 서늘한 곳에 보관합니다.
혹 초파리나 해충이 들어갈 수 있으니
유리병의 입구는 거즈나 면포 등으로 봉하는 것이 좋습니다.
알코올 발효의 가장 적당한 온도는 조금 서늘한 온도인 20~25도로,
일반 가정에서는 그늘진 베란다나 싱크대 아래에 두어도 무방합니다.

5 알코올 발효 진행

하루가 지나면 기포가 발생되며 발효되는 현상을 볼 수 있습니다.
이때 발효가 잘 되도록 사과즙을 골고루 저어 줍니다.
저어 주는 것은 발효 다음 날 아침에 한 번만 진행하며
발효하는 과정 중 자체 발열이 일어나 온도가 상승하지만
양이 많지 않아 그대로 두어도 무방합니다.

6 알코올 발효 완료

약 3~4일 정도 시간이 지나면 알코올 발효가 완료되는데
더 이상 기포가 발생되지 않으면 알코올 발효가 끝났다고 볼 수 있습니다.
양이 적어 늦어도 4일이면 알코올 발효가 끝나니
면포나 광목천으로 사과 찌꺼기를 꼭 짜 걸러
사과액(알코올 발효가 끝났으니 사과주)만 다시 유리병에 부어줍니다.

7 초산 발효 준비

거른 사과주에 먼저 만들어진 식초인 종초를 10%가량(500ml) 추가하여
초산 발효가 잘 될 수 있도록 하며 유리병은 공기가 잘 통하고
벌레나 초파리는 들어갈 수 없도록 면포나 망으로 밀봉합니다.
종초가 없다면 자연발효된 사과식초를 구매하여 사용하면 좋겠지만
그것도 없다면 집에 있는 곡물식초(주정식초)를 부어주어도 됩니다.

8 초산 발효 관리

초산 발효는 온도가 따뜻해야 하니 유리병 온도가 30도 이상 될 수 있도록
유리병 주변에 이불을 씌워주거나 주변 온도를 30도 이상 유지해 줍니다.
온도가 낮으면 초산 발효가 느려지거나 잡균이 피는 경우가 있으니
되도록 온도를 30~35도가 될 수 있도록 관리해줍니다.
여름철의 경우는 그냥 그대로 두어도 되나 특히 겨울철의 경우
반드시 온도를 높여 주어야 발효가 일어납니다.
그리고 잡균막이나 산막이 표면에 생기지 않도록
일주일 동안 매일 아침, 저녁으로 두 번 이상 술 표면을 저어주거나 흔들어 줍니다.
일주일이 지나면 초산균막이 생길 수 있도록
더 이상 젓지 않고 그대로 발효시킵니다.

9 초산 발효 완료

초산 발효하는 과정 동안 온도가 떨어지지 않도록 한 달 보름(45일)가량 발효를
진행시키면 초산 발효가 완성됩니다.
가령 발효 기간 중 온도가 낮았다면 발효 기간이 길어지니
맛을 보고 시중의 식초와 비슷한 신맛이 느껴지면 발효를 중지합니다.

10 숙성

초산 발효가 끝나면 바로 식초로 사용할 수 있으나 숙성을 거치면
강한 신맛의 식초를 부드럽게 해주며 감칠맛을 증가시키고
사과 자체의 구연산을 비롯한 각종 유기산의 함량을 높일 수 있습니다.
보통 15도 정도의 저온에서 유리병의 뚜껑을 꼭 닫아 공기가 접촉되지 않게
최소 100일 이상 숙성 과정을 거칩니다.
가정에서는 면포를 벗겨내고 뚜껑을 꼭 닫아 냉장고에 보관하면 됩니다.

포도식초 만들기

포도식초는 예로부터 대규모 포도 산지인 프랑스, 이탈리아, 스페인 등 서유럽에서 잘 알려진 식초입니다.
전 세계적으로 포도주가 유명한 곳이기도 하지요.
이들 나라는 포도주를 만들면서 산패가 일어난 술이나 포도 자체를 이용하여 식초를 만들어 왔지요.
포도식초를 나무로 만든 통에 넣어 오랫동안 수분을 증발시키고 농축시켜 만든 것이
바로 단맛과 신맛이 어울려 독특한 풍미를 지닌 발사믹 식초입니다.
서양 요리에 잘 맞아 각종 드레싱이나 소스, 마리네(Marine 생선, 고기 등의 절임 요리) 등의 재료로 이용되지요.
포도식초는 일반 식초에 비해 주석산과 사과산이 많아 산미가 높으며
비타민과 무기질이 풍부하여 이뇨작용과 부종, 빈혈에 특히 좋습니다.

포도 5kg
비닐장갑 1장
유리병(5리터용) 1개
효모 5g
면포 1장
거름망 1장

1 포도의 선별

포도는 품종에 관계없이 완숙되고 당분 함량이 많으며,
흠이 없고 부패하지 않은 것을 선별하여 흐르는 물에
깨끗이 씻고 물기가 전혀 없도록 수분을 닦습니다.

2 유리병 안치

물기를 없앤 포도는 손에 비닐장갑을 끼고 포도알을 따
유리병에 넣은 후 손의 힘으로 포도알을 일일이 으깨어 줍니다.
포도즙이 자줏빛이 날 때까지 골고루 으깨는데
믹서를 사용하지 않은 이유는 포도씨가 같이 갈리기 때문입니다.
씨앗을 같이 갈면 쓴맛과 함께 포도식초의 풍미를 해치고
독소가 있을 수도 있습니다.

3 효모 첨가

포도 껍질이나 공기 중에도 야생 효모균이 있어
알코올 발효가 가능하지만 인위적으로 효모를 넣으면
왕성한 발효가 일어나고 효율도 상승시킬 수 있습니다.
보통 원료 대비 0.1% 정도를 사용하는데
여기서는 5g 정도 첨가해 포도즙과 같이 섞어줍니다.
효모는 시중에서 빵을 만드는 데 사용되는 이스트를 구매해
사용해도 무방합니다.

4 알코올 발효

이스트를 넣고 나면 알코올 발효가 일어나는데
발효 중 이산화탄소의 가스 배출이 가능하도록 유리병 뚜껑은
완전히 닫지 말고 조금 열어 두어 그늘지고 서늘한 곳에 보관합니다.
초파리나 해충이 들어갈 수 있으니
유리병의 입구는 거즈나 면포 등으로 입구를 봉합니다.
알코올 발효의 가장 적당한 온도는 조금 서늘한 온도인 20~25도로,
일반 가정에서는 그늘진 베란다나 싱크대 아래에 두면 무방합니다.

5 알코올 발효 진행

하루가 지나면 기포가 발생되며 발효되는 현상을 볼 수 있습니다.
이때 발효가 잘 되도록 포도즙을 골고루 저어 줍니다.
저어 주는 것은 발효 다음 날 아침에 한 번만 진행하며
발효 과정 중 자체 발열이 일어나 온도가 상승하지만
양이 많지 않아 그대로 두어도 무방합니다.

6 알코올 발효 완료

약 3~4일 정도 시간이 지나면 알코올 발효가 완료되는데
더 이상 기포가 발생되지 않으면 알코올 발효가 끝났다고 볼 수 있습니다.
양이 적어 최대 4일이면 알코올 발효가 끝나니
면포나 광목천으로 포도 찌꺼기를 꼭 짜 걸러
포도액(알코올 발효가 끝났으니 포도주)만 다시 유리병에 부어줍니다.

7 초산 발효 준비

거른 포도주의 유리병은 공기는 잘 통하고
벌레나 초파리는 들어갈 수 없도록 면포나 망으로 밀봉합니다.
종초를 추가하면 좋으나 포도 자체에 주석산과 사과산이 풍부하여
종초를 넣지 않고 발효시켜도 됩니다.

8 초산 발효 관리

초산 발효는 온도가 따뜻해야 되니 유리병 온도가 30도 이상 될 수 있도록
유리병 주변에 이불을 씌워주거나 주변 온도를 30도 이상 유지해줍니다.
온도가 낮으면 초산 발효가 느려지거나 잡균이 피는 경우가 있으니
되도록 온도를 30~35도가 될 수 있도록 관리해줍니다.
포도가 생산되는 여름철의 경우는 그냥 그대로 두면 됩니다.
그리고 잡균막이나 산막이 표면에 생기지 않도록
일주일 동안 매일 아침, 저녁으로 두 번 이상 술 표면을 저어주거나 흔들어줍니다.
일주일이 지나면 초산균막이 생길 수 있도록 더 이상 젓지 않고 그대로 발효시킵니다.

9 초산 발효 완료

초산 발효하는 과정 동안 온도가 떨어지지 않도록
한 달(30일) 가량 발효를 진행시키면 초산 발효가 완성됩니다.
발효 기간 중 온도가 낮았다면 발효 기간이 길어지니
맛을 보고 시중의 식초와 비슷한 신맛이 느껴지면 발효를 중지합니다.

10 숙성

초산 발효가 끝나면 바로 식초로 사용할 수 있으나 숙성을 거치면
강한 신맛의 식초를 부드럽게 해주며 감칠맛을 증가시킵니다.
보통 15도 정도의 저온에서 유리병의 뚜껑을 꼭 닫아 공기가 접촉되지 않게
최소 100일 이상 숙성 과정을 거칩니다.
가정에서는 면포를 벗겨내고 뚜껑을 꼭 닫아 냉장고에 보관하면 됩니다.

No.25

우리의 전통, 곡물식초 만들기

지금까지 과일식초 만드는 법을 알아보았습니다.
그렇다면 현미를 비롯한 곡물식초는 어떻게 만드는 것일까요?
곡물식초도 과일식초와 마찬가지로
해당 곡물을 이용해 술을 먼저 만들어야 합니다.
술은 당분에서 오니 곡물에서 당분을 추출해야겠지요.
현미나 보리 등 곡물의 경우 당분이 전분 형태로 되어 있습니다.
전분을 삭혀 당분을 추출해야 술이 될 수 있으니
우선 전분을 삭히는 과정이 필요합니다.

누룩과 엿기름으로 전분을 삭힙니다.

전분을 삭히기 위해서는 아밀라아제라는 효소가 필요합니다.
아밀라아제 효소는 누룩을 띄울 때 누룩곰팡이에 의해 생성되며,
보리가 싹틀 때도 생성되는데, 보리 싹튼 것을 건조한 것이 엿기름입니다.
예전에 어머니께서는 엿기름을 물에 불려 치대고 건더기는 건져낸 후 치댄 물의 앙금을
가라앉혀 맑은 엿기름물만 고두밥에 넣었습니다. 그러곤 보온밥통으로 온도를
따뜻하게 하여 고두밥을 삭혀 달달한 식혜를 만들어 주시곤 하였지요.
바로 이 엿기름으로 식혜만 만드는 것이 아니라 술도 만들 수 있습니다. 실제로 우리는
지금도 엿기름으로 만든 술을 즐겨 마십니다. 엿기름은 보리가 싹튼 것을 건조하여
분쇄한 것으로, 바로 맥아입니다. 맥아는 맥주의 발효제로 사용되지요.

보통 곡물을 이용한 술을 만들 때 누룩을 발효제로 사용합니다. 누룩곰팡이에 의해 생성된
아밀라아제 효소를 발효제로 사용하는 것입니다. 하지만 곡물을 이용한 술을 만들 때
반드시 누룩만으로 발효시키라는 법은 없습니다. 엿기름의 아밀라아제 효소를
발효제로 사용해도 좋습니다. 띄우기 어렵고 구하기 어려운 누룩 대신 맥주 발효법처럼
엿기름을 발효제로 사용하는 것입니다. 고두밥에 누룩이 아니라 엿기름을 넣어
발효를 진행시키는 것이지요. 실제 엿기름으로 발효시킨 술과 식초는 그 맛이 꽤 좋습니다.

현미식초 만들기

곡물식초의 대표라 할 수 있는 것이 현미식초입니다.
곡물식초의 특성상 아미노산이 풍부하며 특히 누룩을 활용해 발효 과정을 거친 곡물식초는 풍부한 효소와 효모를 동시에 갖추고 있는 장점이 있지요. 신장과 간장 등 장기의 기능을 원활하게 돕고 혈액 정화 작용도 합니다.
생활습관병의 원인이 되는 어혈을 방지하는 효과가 있으며 고혈압 예방에도 효과적이지요.
현미 막걸리 만드는 과정부터 초산 발효 및 숙성 과정까지 살펴보겠습니다.

현미 1kg
누룩 또는 엿기름 200g
유리병(5리터용) 1개
효모 10g
면포 1장
거름망 1장

1 현미 고두밥 찌기

1kg의 현미를 흐르는 물에 깨끗이 2~3회 씻고,
깨끗한 물에 한나절 정도 불린 후
채반에서 1시간 정도 물을 뺍니다.
찜통에 면포를 깐 뒤 처음 센 불에서 30분 이상 찌고
20분은 약한 불에서 찌며, 마지막에 불을 끄고
20분 정도 뜸을 들입니다.

2 유리병 안치

현미 고두밥이 다 쪄지면 그늘진 곳에서 펼쳐 식히고
따뜻한 기운이 조금 남아있을 때 분쇄한 누룩이나
엿기름 200g, 효모 10g을 고두밥과 같이 잘 섞어 줍니다.
이를 빈 유리병에 넣고 정제수 2L를 붓습니다.

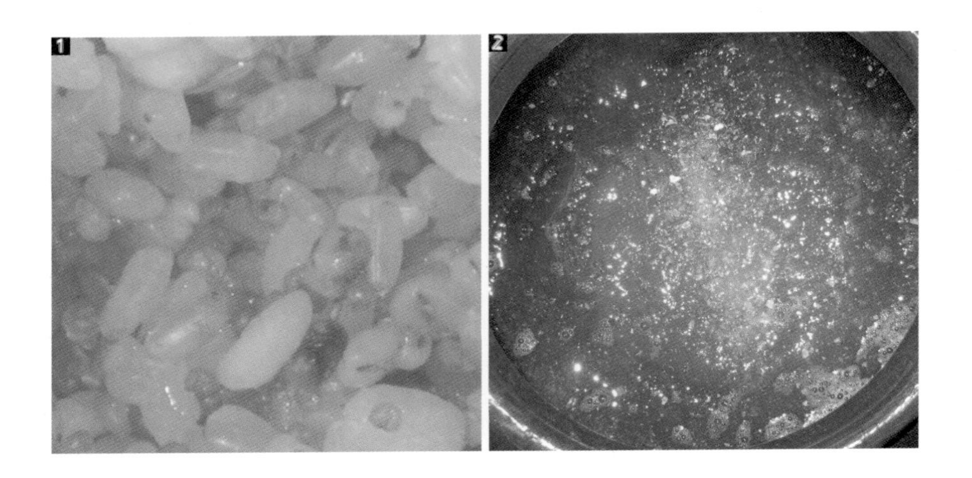

3 알코올 발효

효모를 넣고 나면 알코올 발효가 일어나는데
발효 중 이산화탄소의 가스 배출이 가능하도록 유리병 뚜껑은 완전히 닫지 말고
조금 열어 두어 그늘지고 서늘한 곳에 보관합니다.
초파리나 해충이 들어갈 수 있으니 유리병의 입구는 거즈나 면포 등으로 입구를 봉합니다.
알코올 발효의 가장 적당한 온도는 조금 서늘한 수준인 20~25도로,
일반 가정에 그늘진 베란다나 싱크대 아래 두시면 무방합니다.

4 알코올 발효 진행

하루가 지나면 '폭폭' 소리가 나고 기포가 발생하며 발효되는 현상을 볼 수 있습니다.
이때 발효가 잘 되도록 현미를 골고루 저어줍니다.
저어주는 것은 발효를 시작한 다음 날 아침에 한 번만 진행하며
발효하는 과정 중 자체 발열이 일어나 온도가 상승하지만
양이 많지 않으니 그대로 두어도 무방합니다.

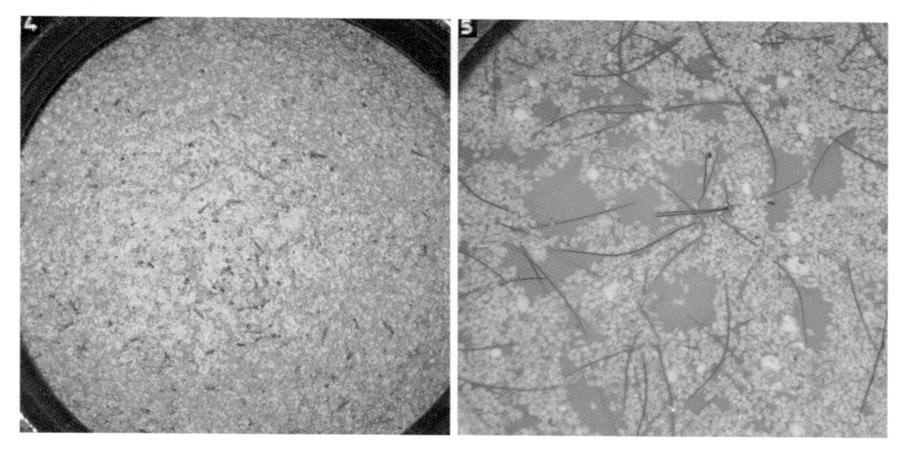

곡물의 잡내를 없애기 위해 솔잎을 추가했다.

5 알코올 발효 완료

약 일주일 정도 시간이 지나면 알코올 발효가 완료됩니다.
더 이상 기포가 발생되지 않으면 알코올 발효가 끝난 것으로 볼 수 있습니다.
현미 찌꺼기가 모두 가라앉아 상층부에 맑은 청주 빛이 보이면
이때도 알코올 발효가 끝났다고 볼 수 있지요.
발효가 완성되면 알코올 도수 약 12도 정도의 술이 됩니다.
현미 양의 2배 정도인 2L의 정제수를 사용하여 발효시켰기 때문에
알코올 도수가 높은 편이며 초산 발효가 잘 일어나는 알코올 도수 6도가 되도록
맞추기 위해 정제수 2L를 추가하여 알코올 도수를 낮춰줍니다.
처음부터 현미 1kg에 물 4L를 붓지 않고 2L만 넣은 것은 물을 많이 추가하여 발효를 하면
술맛이 약해 산패가 일어나고 잡균에 오염되기 쉽기 때문입니다.
우리가 마시는 막걸리도 처음 발효할 때 물을 적게 잡아 알코올 도수가 높은 술을 만든 후
물을 추가하여 알코올 도수를 낮춥니다.
모두 산패와 잡균 오염 방지를 위해 두 번의 작업을 거칩니다.
정제수 2L를 추가하여 알코올 도수를 낮춘 후
면포나 광목천으로 현미 찌꺼기를 꼭 짜 걸러 현미 술(막걸리)만 다시 유리병에 부어줍니다.

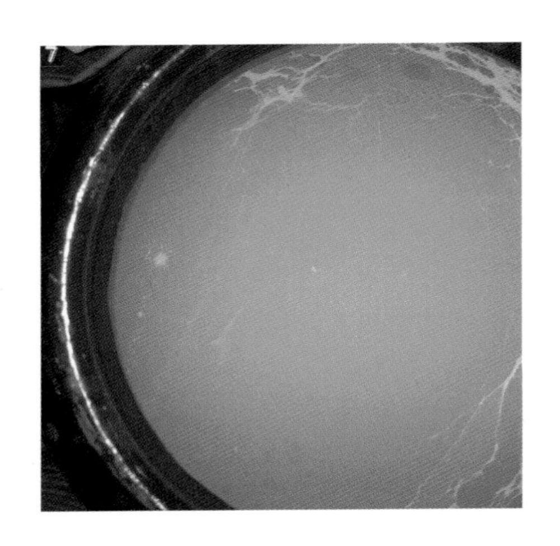

6 초산 발효 준비

거른 현미 막걸리에 먼저 만들어진 식초인 종초를 10%가량(400ml) 추가하여
초산 발효가 잘 될 수 있도록 합니다. 유리병은 공기는 잘 통하고
벌레나 초파리는 들어갈 수 없도록 면포나 촘촘한 망으로 밀봉합니다.
종초가 없다면 자연발효된 곡물식초를 구매하여 사용하면 좋겠지만 그것도 없다면
집에 있는 식초(주정식초)를 부어주면 됩니다. 자연발효된 식초가 없을 경우 차선책입니다.

7 초산 발효 관리

초산 발효는 온도가 따뜻해야 하니 유리병 온도가 30도 이상 될 수 있도록
유리병 주변에 이불을 씌워주거나 주변 온도를 30도 이상 유지해줍니다.
온도가 낮으면 초산 발효가 느려지거나 잡균이 피게 되는 경우가 있으니
되도록 온도를 30~35도가 될 수 있도록 관리해줍니다.
여름철의 경우는 그냥 그대로 두어도 되지만, 특히 겨울철의 경우 반드시
온도를 높여주어야 발효가 일어납니다. 그리고 잡균막이나 산막이 표면에 생기지 않도록
일주일 동안 매일 아침, 저녁으로 두 번 이상 술 표면을 저어 주거나 흔들어줍니다.
일주일이 지나면 초산균막이 생길 수 있도록 더 이상 젓지 않고 그대로 발효시킵니다.

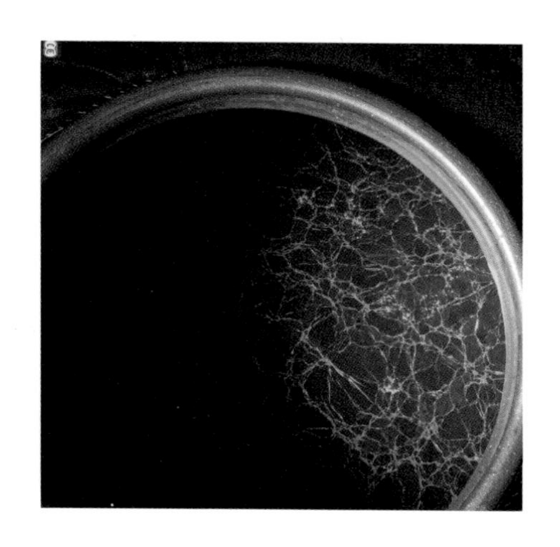

8 초산 발효 완료

초산 발효하는 과정 중에 온도가 떨어지지 않도록 유의하며
한 달 보름(45일)가량 발효를 진행시키면 초산 발효가 완성됩니다.
가령 발효 기간 중 온도가 낮았다면 발효 기간이 더 길어지니 맛을 보고
시중의 식초와 비슷한 신맛이 느껴지면 발효를 중지합니다.
맛과 향으로 더 이상 신맛이 높아지지 않는다면 초산 발효는 끝났다고 볼 수 있지요.

9 숙성

초산 발효가 끝나면 바로 식초로 사용할 수 있으나 숙성 단계를 거치는 것이 좋습니다.
숙성은 강한 신맛의 식초를 부드럽게 해주며 감칠맛을 증가시키고
현미 단백질을 최종 분해시켜 아미노산을 비롯한 각종 유기산의 함량을 높여줍니다.
보통 15도 정도의 저온에서 유리병의 뚜껑을 꼭 닫아 공기가 접촉되지 않게
최소 100일 이상 숙성 과정을 거칩니다.
가정에서는 면포를 벗겨내고 뚜껑을 꼭 닫아 냉장고에 보관하면 됩니다.
초산 발효가 완료되었는데 계속해서 발효를 진행하면 지나치게 발효가 되어
식초에서 된장 냄새 비슷한 쿰쿰한 냄새가 나니
발효가 끝나면 반드시 숙성을 하거나 냉장 보관합니다.

No.26

못 만들 식초가 없다, 커피식초

식초를 만드는 방법에는 여러 가지가 있습니다.
곡물이든 과일이든 발효식초를 만들려면 먼저 당분을 이용해 알코올 발효를 거치고
다시 초산 발효를 거쳐 식초가 되는 단계를 반드시 거쳐야 됩니다.
이러한 정통적인 발효 방법은 자연발효식초를 만드는 가장 기본적인 발효 방법입니다.
하지만 간혹 원료가 가진 고유한 향을 살려야 한다거나
약재의 성질을 그대로 간직하고 싶은 식초가 있게 마련이지요.
고유한 향과 풍미를 간직한 원료를 이용해 정통적인 자연발효 방법을 고수한다면
오랜 시간 발효하는 여러 단계의 과정에서 원료가 가진 고유한 향과 풍미를 손실할 수 있고
시간도 오래 걸리는 단점이 있습니다.
이럴 때 활용할 수 있는 방법이 이미 만들어진 식초에
원하는 재료를 넣어 침출하여 식초를 만드는 방법이지요.
서로의 장단점이 있으나 이미 만들어진 식초에 원재료를 침출하여 얻는 방법은
누구나 쉽게 원하는 식초를 제조할 수 있고,
원재료 고유의 향과 성분을 그대로 추출할 수 있다는 장점이 있습니다.
인삼이나 하수오, 더덕 등의 한약재를 이용한 식초나 로즈마리 등의 허브식초,
그리고 향이 진한 커피식초 등을 만들 때 활용할 수 있지요.
인삼주를 만들 때 인삼을 알코올 도수가 높은 담금 소주에 담가
우려내는 방식과 같다고 보면 됩니다.

커피식초 만들기

로스팅 된 원두커피 100g
곡물식초 1L
유리병(1.2리터용) 1병

1 커피는 로스팅 된 원두커피를 계량하여 준비합니다.
커피 가루로 갈아서 사용해도 되고 원두는 취향에 맞게
선택하면 됩니다. 커피와 식초의 비율은 보통 1:10이지만
취향에 따라 가감합니다.

2 깨끗이 소독된 유리병에 원두커피 100g을 넣고
곡물식초 1L를 부어줍니다.
침출 식초로 자연발효된 곡물식초를 이용하는 이유는
커피의 고유한 향과 풍미를 가장 잘 나타낼 수 있기 때문입니다.
과일식초의 경우 과일 특유의 향이 커피 향을 묻히게 하지요.
6도 이상의 높은 산도를 가진 곡물식초를 사용해야
부패나 변질 우려 없이 잘 우러납니다.

3 원두커피와 식초가 담긴 유리병은 공기가 통하지 않도록
완전히 밀폐한 후 그늘지고 서늘한 곳에서 1개월 이상
침출 과정을 거칩니다. 사용되는 원재료의 종류와 성질에 따라
침출 기간을 달리하며 침출의 방법 또한 기타 첨가물을 넣어서
할 수 있습니다. 원두커피의 경우 1개월이면 충분하며
로즈마리와 허브의 경우 100일, 인삼이나 더덕의 경우
6개월 이상의 침출 기간이 필요합니다.

4 침출이 완료된 커피식초는 원두 찌꺼기를 걸러내거나
유리병 윗부분의 맑은 커피식초만 사용하면 됩니다.
원두커피를 침출하여 얻은 커피식초는 고유한 커피 향과 더불어
산도가 높으니 기존의 식초 사용법과 동일하게 하거나
물이나 우유 등에 약 20배 정도 아주 엷게 희석해 마시면 됩니다.

전통식초는 '음식의 혈액' 같은 양념
해독제이자 청혈제, 유기산 보물창고

박찬영 원장(한의사, 어성초한의원)

해독(解毒, 디톡스)을 전문으로 하는 한의사로서 음식은 해독에 있어서도 매우 중요한 요소입니다.
현대인이 안고 사는 독소 중 음식으로 들어오는 독소가 많은 부분을 차지하기 때문이죠.
음식은 크게 고기, 생선, 야채, 과일, 곡류 같은 메인 재료에
다양한 양념을 버무려 무치고 데치고 굽고 삶는 등의 문화적 행위를 보태면서 만들어집니다.

여기서 우리가 간과하기 쉬운 게 바로 양념의 중요성입니다.
가족을 위해, 건강한 밥상을 위해
우리는 다소 비싸더라도 유기농 친환경 같은 식재료를 구입하기도 합니다.
하지만 정작 '음식의 혈액'이라고 할 수 있는 양념에는 그리 신경 쓰는 편이 아닌 것 같습니다.
피가 탁하면 만병이 온다고 하는 것처럼, 음식의 혈액인 양념이 잘못되면 식재료가 아무리 좋아도
그 음식은 나쁜 양념에 오염된 건강하지 못한 음식이 되어버리기 때문입니다.
식초는 크게 희석식초(빙초산), 양조식초(주정식초), 자연발효식초(전통식초)로 나눌 수 있는데,
어떤 식초를 쓰느냐에 따라 음식의 질과 건강에 미치는 영향이
가히 극과 극이라 할 정도로 차이가 납니다.

식초는 발효의 최종 산물이며 제대로 만든 '웰 메이드 천연식초'는
그 자체가 해독제이자 청혈제이며 효소제이자 유기산의 보물창고와 같은 물질입니다.
하지만 우리 사회가 건강한 양념의 중요성이 아직 보편화되지 못하다 보니
식초가 단순한 양념의 수준을 넘어
우리 건강과 식생활에 다양하게 활용될 수 있다는 정보가 매우 부족합니다.
이런 즈음에 우리나라 식초 명인인 한상준 선생님께서
젊은 여성들과 주부를 위한 《한상준의 식초예찬》을 발간한다니 반갑기 그지없습니다.

오로지 좋은 식초를 만들기 위해, 전통식초의 명맥을 이어가기 위해,
그리고 식초의 가치를 대중적으로 알리기 위해 노력해온 땀방울이
이 한 권의 책에 잘 녹아든 것 같아 저 또한 매우 기대됩니다.

식초는 '지중해 요리'의 한방 감초 格
좋은 식초 보는 눈, 셰프의 능력

한상훈 셰프(관광학 박사)
현 ENA스위트호텔 총주방장
현 카사디 모리나리 대표
전 청와대 조리장

음식을 다루는 일을 하는 사람에게 식초는 매우 각별한 의미를 갖습니다.
음식에 있어서 식초는 없어서는 안 될 중요한 역할을 하기 때문이죠.
음식이나 식재료가 상하기 쉬운 여름철에도
요리에 식초 한 스푼 추가하면 놀라울 정도로 보존성이 높다는 걸 확인할 수 있습니다.
입맛이 떨어질 때, 식초를 넣어 만든 드레싱을 뿌린 샐러드를 한입 먹기만 해도
입안에 군침이 돌며 잃었던 식욕을 되찾아줍니다.
특히 '지중해 음식'은 식초를 빼놓고는 이야기할 수 없습니다. 한방의 감초와도 같습니다.
레몬과 라임을 식재료로 많이 이용하는 지중해 요리에서는
식초와 조합이 잘 되어야만 원재료의 식감과 특성이 배가됩니다.
그러므로 좋은 품질의 식초를 찾는 것이 셰프의 능력 중 하나라고 생각합니다.

식초가 몸에 좋다는 사실은 굳이 설명하지 않아도 다들 알고 계실 겁니다.
다만 식초에도 여러 종류가 있으니, 이왕이면 자연발효된
좋은 느림 미학을 지닌 전통식초를 마시거나 음식에 활용할 것을 권장하고 싶습니다.

한국전통식초협회 한상준 회장은 이런저런 이유로 맥이 끊기다시피한 전통식초를 복원하고,
우리의 식초 문화를 널리 확산시키고자 노력하는 분입니다.
그가 국내 처음으로 전통식초대중기술서인 《한상준의 식초독립》에 이어
4년 만에 《한상준의 식초예찬》을 펴낸다니 반가운 마음이 앞섭니다.
인생의 경험과 사유에서 묻어나왔을 에세이 한 편 한 편이 소소한 재미와 감동을 안겨줍니다.
식초를 일상에서 건강하고 맛있게 먹고자 하는 사람에게 아주 유용한 팁이 많으므로
식초에 관심 있는 독자 여러분께 큰 도움이 되리라 생각합니다.

전통식초의 무궁무진한 건강 가치가 잘 알려지기를

서정보(동아일보 주간동아 편집장)

“전통식초가 행사 아이템이 될 수 있을까.”
후배가 올해 초 식초를 전면에 내세운 행사를 기획해보고 싶다고 할 때 내가 무심코 던진 반론이었다.
이 말을 지금은 부끄럽게 생각한다.
지난 6월 경기 일산 킨텍스에서 농림축산식품부 (사)한국전통식초협회와 함께
‘2018 대한민국 식초 문화대전’이라는 행사를 훌륭하게 치러냈기 때문이다.
그러나 그보다 더 귀중한 소득은 전통식초가 얼마나 훌륭한 음식인지 깨닫게 됐다는 점이다.
식초 행사를 준비하면서 수십 편의 기사를 ‘주간동아’ 지면과 인터넷을 통해 내보냈다.
후배들이 써온 기사를 볼 때마다 “식초가 이렇게 좋은 음식이었어?”라며 감탄하기를 여러 번.
식초 행사를 할 무렵에는 내가 식초 전도사가 되었다.
행사를 준비하면서 한국전통식초협회 한상준 회장을 만나게 된 것도 소중한 소득이었다.

사실상 맥이 끊긴 전통식초 제조법과 전통식초 시장을
지금 수준으로 부활시켜놓은 것에는 한 회장의 공이 컸다.
그 스스로 귀농한 뒤 전통식초 복원에 힘썼고,
서초동 발효아카데미에서 ‘한상준 식초학교’를 통해 수많은 식초인들을 길러냈다.
특히 전통식초를 살려보겠다는 그의 굳은 심지에 고개를 숙이게 됐다.
그런 그가 책을 냈다는 말에 반가움이 앞섰다. 내용을 미리 찬찬히 뜯어봤다.
평소에 하던 그의 말이 고스란히 녹아 있었다. 식초의 개론서이자 실용서, 활용서이기도 하다.
전통식초를 다룬다고 해서 배타적이지 않다.
파인애플, 바나나, 커피 등 새로운 재료들로 식초를 만드는 법도 포함시켰다.
그는 “좋은 식초를 음식의 일부로 자연스럽게 섭취하여
결국 사람에게 건강한 이로움을 주려는 취지에서 책을 썼다”고 했다.
주제넘게 하나를 덧붙이자면 이 책을 통해
‘인간이 준비하지만 자연이 만드는’ 식초의 의미를 깨닫길 바란다.
인간의 수고로움과 노력이 자연의 순리에 비하면 하찮을 수 있다는 겸손까지 배우라고 하면
지나친 얘길까.